U0121428

大展好書　好書大展

品嘗好書　冠群可期

大展好書　好書大展

品嘗好書　冠群可期

快樂健美站

20

豐胸做自信女人

任軍 主編

大展出版社有限公司

主　　編　任軍

副主編　鄧斐　姜琳　袁偉

編　　者　蔣婷　白彥　曾麗梅　石曉瓊

胡玲　梁瓊　曾友仙　吳明瑞

資料整理　萬睿　周文

Beautiful breas

目　錄

ul breast

乳房之美

一、豐滿乳房的崇尚

女性曲線美是生命的奇蹟，早在一六九七年，英國畫家荷迦茲曾說過一段話：一切由所謂波浪形線、蛇形線組成的物體，都能給人的眼睛一種變化無常的追逐，從而產生心理樂趣。而豐滿且富有彈性的乳房，突出於胸部，是女性最具魅力的一段曲線。發育成熟的年輕女性，乳房堅挺、腰肢柔軟，臀部豐圓，顯示出「S」型的女性特有體型。

乳房在拉丁文的詞根是「mamm」或「mammo」，在多數語言當中，這個詞都有相同的發音和意思，即口語化的「媽媽」。由此可見，在人們的觀念中乳房與母性密切相關，因為乳房是天經地義的哺乳器官。早在新石器時代就有一巨大乳房作為女性象徵的雕塑。在中國苗族的傳說中，他們的祖先是一個有長乳房的母親，她生育了眾多的子女，用長乳房哺育他們，可以說從那時候起乳房就是女性和母性的象徵。

從一般意義上說，把乳房作為女性的象徵是準確的、恰當的。因為乳房不僅

僅是哺乳器官，同時也是女性重要的性器官。何謂「性器官」呢？翻開任何一本經典的人體解剖學教科書，都可以看到類似的定義：性器官是完成繁衍後代功能的兩性生殖器官。

這是性器官的狹義定義，即是以性的生殖目的為標準對性器官的界定。然而，人類進化的結果恰恰是使人的性行為越來越遠離生殖的目的，因此，也就有了與獲得性快樂相關的性器官的廣義定義。女性的乳房無疑很容易被列入性器官的行列。

英國著名人類學家戴斯蒙・莫里斯在《觀人術》一書中說：「至於圓形的乳房，大多數人都認為這是哺乳器官，可是其他靈掌類動物沒有『圓形』乳房，也依然可以哺乳，何況其他靈掌類動物的乳房只有在哺乳期間才鼓出，而人類中的女性卻在發育成熟後即一直有此特徵。因此，乳房應該是性器官，而非哺乳器官。」從性活動

維納斯的梳妝（布歇）

過程中也可以看出乳房的性器官地位。

在兩性接觸中，女性乳房具有極大的吸引異性的魅力，男性往往渴求撫摩女性的乳房，而女性也渴求被撫摩。有些女性僅僅由於對乳房，特別是乳頭的刺激即可引發性高潮。乳房在性反應過程中也有很明顯的變化。在女性性反應中乳頭勃起是興奮期的主要特徵之一，由於充血，乳房可明顯增大。

古希臘的哲學家認為，在萬物中唯有人體具有最勻稱，最和諧、最莊重和最優美的特色，乳房伴隨著人類幼年時期作為女性的象徵由來已久，最早見於古代的埃及。古埃及時期，人類文明進一步發展，乳房開始從單純哺乳的實用性器官分離開來，成為女性「愛」和「美」的象徵。

一七九九年八月，法國軍官波撤在埃及羅色塔發現那裏石板上記有三種象形文字，在女皇簽名的後面描有乳房作為女性象徵的一種標誌。美國阿拉斯加發掘出的石碑上，也描繪有女性乳房標記。

在埃及傳說的女神中，她們頭上的王冠多附有乳房或把王冠全部設計成乳房形或在王冠的前面表現乳房的正面或側面的輪廓。

在漫長的母系社會，對女性的崇拜表現在人體作品中對女性乳房誇張性的描繪。在舊石器時代狩獵民族的石斧和燧石上，就雕刻有豐美的乳房和神像。從我國古文化遺址發掘出土的彩陶和無色陶質女像，大都赤身裸體、裸露豐乳肥臂，顯示出母系氏族社會時期的女性威嚴和以身軀壯碩為美。

西方出土的母系氏族社會時期的女性人體雕像，也是以全裸、誇張的大乳、腹部、臀部隆起為美。不過，當時人們對女性乳房的崇拜，是因為視其為人類生長的原動力和人類生命力的象徵。

古希臘神話中的豐收女神像，背景天空上騰飛著呼風喚雨的神龍，地上是春耕秋收的農民；女神頭上插著稻穗，右手拿著鐮刀，左手抱著五穀和牛角，上身裸露出健美豐滿的乳房。這幅畫是關於乳房作為豐饒、多產象徵的最高概括和集中表現。即使是今天，人們對乳房的審美意識中仍然保留了這一含義。

西元前二世紀古希臘時代的維納

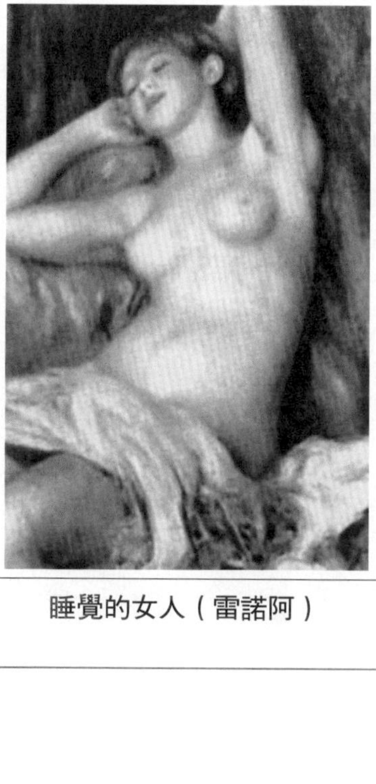

睡覺的女人（雷諾阿）

奧地利維林道夫的母神雕象

古希臘維納斯雕像

斯雕像的乳房，充分展示了女性的魅力美，維納斯雕像的乳房豐滿勻稱，成半球形，大小合宜，與輪廓清晰、線條流暢的腹部一齊體現了青春和活力，達到了一種崇高而純淨的境界，成了美和愛的象徵。

在人體審美意識發展的過程中，古羅馬時代的乳房美也同古希臘一樣，形似花蕾而豐滿。羅馬人從此發現和開掘了性意識的內容，同時也提高了乳房的價值，讚美乳房美並歌頌於人間。他們把乳房健美作為人體官能性昂揚的表現，豐滿盛大的乳房，顯出受胚旺盛的能力，有超越官能性與肉體美的象徵和魅力。

當時的風俗中還有乳房的化裝術，在上層社會頗為流行。如施白粉於乳房，塗紅脂於乳頭，使其美豔招人。他們還把乳房稱為「愛情的象牙之冠」，少女贈送愛人的「戀愛餅乾」，都做成乳房形狀。

印地安少女也喜歡在乳房上描繪彩圖；古代歐洲人認為隆乳細腰是女性美的特徵，當時袒胸露乳服裝曾盛極一時，以便把健美的雙乳顯耀於社交場合。

在文藝復興時代，女性乳房就被賦予了深刻的內涵——生命、青春、愛情和力量。以具備這一精神而具崇高魅力的偶像——聖母像來說，無論任何題材、何種形式的聖母像，聖母瑪麗亞都以豐滿突出的乳房表達了這種不可抗拒的人性意志。在我國古代民間直至今日一些地方遇著喜慶，往往送饅頭做禮品，而饅頭正是乳房的外形。

在我國，唐代張萱畫的《魏國夫人遊春圖》中，可見靚女已穿低胸衫外出郊遊；從出土的絹畫中亦可見露女性乳溝之圖。但是，在很長一段時間

沉睡的維納斯（喬爾喬納）

內，由於封建的種種禮教，乳房較大或臀部較大的女性，被視為多產之相。所以，她們設法用棉布纏住乳房，使胸部變小，走起路來也故意腳尖朝內，以期令人看起來臀部較小。在左書《太清經》中有「入相女人，天性婉順，氣聲濡行，絲髮黑，弱肌細骨，不長不短，不大不小……」即強調柔順，弱質，合度，可見其對乳房的要求也是以適度，「不大不小」為美。

到了十九世紀，人類對乳房美的表現從局部的表現到人體整體結構的美的渲染，即所謂「三點式」。三點式是建築學概念，指三個點之間的位置，其中一點相對於另外兩點處於「最佳位置」，也即是最能給人以美感的位置上。而人類標準的女性人體的乳房相對於她的頭和臀部來說，也正處於這一點上。人體的構造就這一點而言真是無以復加，巧奪天工了。

十九世紀末，人們對乳房健美又有了新的認識，認為理想的乳房美要有健康的美和健全的精神互為表現，高隆的，大小適度的、均整的豐滿的半球形乳房被認為是最具情感魅力和時代精神的，於是女性對美乳的追求達到了空前地步。

半球形乳房為什麼最美?法國著名古典美術大師安格爾有一句至理名言「美的形體——在這裏一切是富有彈性和飽滿的，其外部輪廓永遠不應是凹形的，相反它們必須是向外凸的，呈圓弧狀的半球形。」

我國傳統的乳房意識，也是以讚美豐滿的乳房為主，儘管歷史上也曾有過女子束胸的時期，但這絕不是中國人關於女性乳房意識的主流，而只是一種偏差。

自古至今，人們以各自形形色色的審美觀點賦予女性乳房以豐富的含義，然而不同的審美卻交匯於三字，那便是性，愛與美。而女性也以自己的方式表達著這三個字。

豐滿健美的乳房，象徵著生命的源泉和生產的發展，是美和愛的標誌。人是唯一能夠欣賞自己健美身體的動物，對健美乳房的歌頌，表現出人類對自身的驕傲與自信，同時也讓人們懂得：獲得一個健美的體型是非常高尚和不可缺少的。但在過於強調乳房美的現代社會，對女性乳房的大小、形態等過分讚

沐浴的希臘貴婦人（維安）

譽，演譯了諸多的幸與不幸，造成了人類的悲喜劇。

為了追求隆突豐滿的乳房，成為「美」的女性，達到理想的標準，歷史上人們曾經歷過在乳房內注射液體石蠟，蓖麻油以及近代的人工海綿植入、液體硅凝膠和自體脂肪顆粒注射等方法，引起諸多併發症，個別女性付出了沉重的代價。

二、乳房的外形

流暢、圓潤、優美的曲線是女性形體美的特徵，而乳房曲線獨具魅力，它是女性特徵的集中體現。古希臘藝術家雕刻的裸體女性和文藝復興時期歐洲畫家創作的美麗女神，都有其完美的乳房。的確，乳房作為哺乳器官象徵母親，作為女性性感部位可大大增加女性魅力。所有華麗的衣著和流行的時裝對乳房的形態無不直接或間接盡力予以體現。

我國成年女性的乳房一般呈半球形或圓錐型，兩側基本對稱，哺乳後有一定程度的下垂或略呈現扁平，對峙於胸前，形狀就像兩個倒立的逗號「，」。老年婦女的乳房常萎縮下垂且較鬆軟。逗號的尾端叫做「腋尾」，伸向腋窩內。

乳房的中心部位是乳頭，少女的乳房挺立；生育後乳房稍下垂，所以，乳頭的位置也有降低。正常乳頭呈筒狀或圓錐狀，兩側對稱，表面呈粉紅色或棕色。乳頭直徑約為〇·八～一·五公分，乳頭高度為七～九公釐，表面高低不平，其上有許多小窩，為輸乳管開口。

乳頭周圍皮膚色素沉著，較深的環形區是乳暈，乳暈的直徑約三～四公分，色澤各異，青春期呈玫瑰紅色，妊娠期、哺乳期色素沉著加深呈深褐色。懷孕後顏色開始加深，並且永不褪色。

乳房部的皮膚在腺體周圍較厚，在乳頭、乳暈處較薄。有時可透過皮膚看到皮下淺靜脈。乳暈上又有一些小突起，那是乳暈腺，用來分泌油脂，保護嬌嫩的乳頭和乳暈的。

乳房位於兩側胸部胸大肌的前方，其位置亦與年齡，體型及乳房發育程度有關。成年女性

乳房的形態

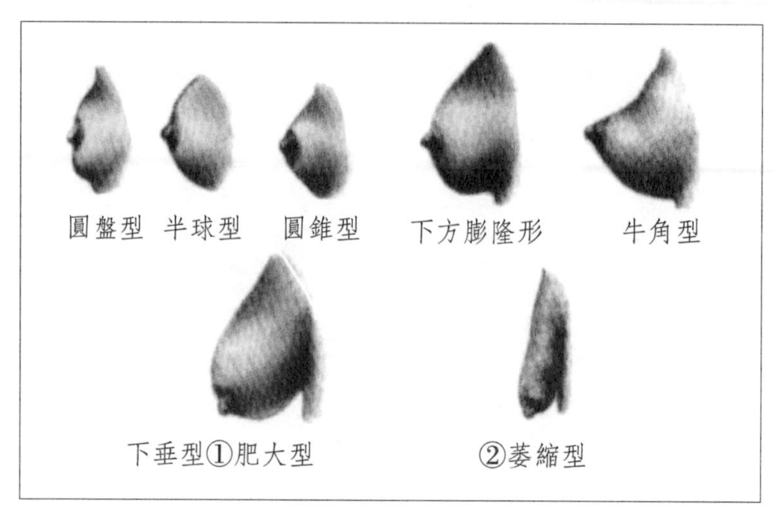

乳房的形態類型

的乳房一般位於胸前的第二～六肋骨之間，內緣近胸骨旁，外緣達腋前線，乳房肥大時可達腋中線，乳房外上極狹長的部分形成乳房腋尾部伸向腋窩。青年女性乳頭一般位於第四肋間或第五肋間水平、鎖骨中線外一公分；中年女性乳頭位於第六肋間水平、鎖骨中線外一～二公分。

乳房的外形按乳軸高度與基底間直徑比例大小將乳房分為三種類型：

(1)**碗型**：乳軸高度為二—三公分，小於乳房基底直徑的二分之一。屬於比較平坦的乳房。

(2)**半球型**：乳軸高度為三—五公分，約為乳房基底直徑的二分之一。

(3)**圓錐型**：乳軸高度在六公分以上，

大於乳房基底直徑的二分之一。

按乳房的軟硬度、張力、彈力及乳房軸與胸壁的角度也可分為三種類型：

⑴挺立型：乳房張力大，彈性好，乳軸與胸壁幾乎呈九十度。

⑵下傾型：乳軸稍向下，柔軟且富於彈性。

⑶懸垂型：乳軸顯著向下，鬆軟而彈性較差。

三、乳房構造

乳房主要由乳頭、乳暈、腺體、導管、脂肪組織和纖維組織等構成。其內部結構有如一棵倒著生長的小樹。

乳頭：

乳頭表面覆蓋複層鱗狀角質上皮，上皮層很薄。乳頭由緻密的結締組織及平滑肌組成。平滑肌呈環行或放射狀排列，當有機械刺激

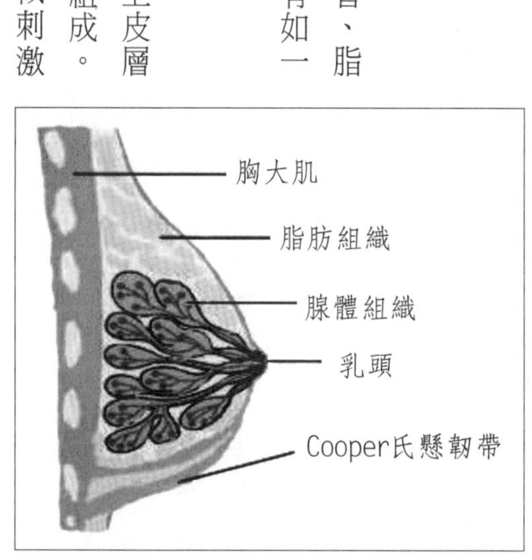

乳房結構示意圖

時，平滑肌收縮，可使乳頭勃起，並擠壓導管及輸乳竇排出其內容物。

乳暈：

位於乳頭的周圍，乳暈部皮膚有毛髮和腺體。腺體有汗腺、皮脂腺及乳腺。其皮脂腺又稱乳暈腺，較大而表淺，分泌物具有保護皮膚、潤滑乳頭及嬰兒口唇的作用。未婚女子的乳頭和乳暈為淡紅色，妊娠後的婦女呈深褐色，生產後無法恢復原來顏色。

脂肪組織：

乳房內的脂肪組織呈囊狀包於乳腺周圍，形成一個半球形的整體，這層囊狀的脂肪組織稱為脂肪囊。脂肪囊的厚薄可因年齡、生育等原因個體差異很大。脂肪組織的多少是決定乳房大小的重要因素之一。

乳房腺體：

乳房腺體由十五～二十個腺葉組成，每一腺葉分成若干個腺小葉，每個女人胸部中的腺葉是固定的，而腺小葉的數目和體積確有很大變化：

豐滿乳房的腺小葉數目多而體積大，停經後的女性腺小葉明顯萎縮，乳房發育不良的女性僅有少數發育不良的腺小葉。每一腺小葉又由十～一百個腺泡組成，這些腺泡緊密地排列在小乳管周圍，腺泡的開口與小乳管相連。多個小乳管匯集成小葉間乳管，多個小葉間乳管再進一步匯集成一根整個腺葉的乳腺導管，又名輸乳管。輸乳管共十五～二十根，以乳頭為中心呈放射狀排列，匯集於乳暈，開口於乳頭，稱為輸乳孔。輸乳管在乳頭處較為狹窄，繼之膨大為壺腹，稱為輸乳管竇，有儲存乳汁的作用。

乳腺位於皮下淺筋膜的淺層與深層之間。淺筋膜伸向乳腺組織內形成條索狀的小葉間隔，一端連於胸肌筋膜，另一端連於皮膚，將乳腺腺體固定在胸部的皮下組織之中。這些起支持作用和固定乳房位置的纖維結締組織稱為乳房懸韌帶或Coopers韌帶。淺筋膜深層位於乳腺的深面，與胸大肌筋膜淺層之間有疏鬆組織相連，稱乳房後間隙。它可使乳房既相對固定，又能在胸壁上有一定的移動性。有時，部分乳腺腺體可穿過疏鬆組織而深入到胸大肌淺層。

纖維組織：

塑造胸部挺拔形狀的「幕後功臣」！纖維組織分佈在乳房表面皮膚下，分割並支撐各個腺體組織，再連接到胸肌上；纖維組織包括皮下結締組織、庫柏氏韌帶等構造，其中又以庫柏氏韌帶支持乳房大部分重量，幫助保持堅挺外形，不過女性若多次懷孕、太過肥胖，或者是漸漸老化，都會使庫柏氏韌帶日漸鬆弛而造成胸部下垂。

除以上結構外，乳房還分佈著豐富的血管、淋巴管及神經，對乳腺起到營養作用及維持新陳代謝作用，具有重要的外科學意義。

乳房的動脈供應主要來自：腋動脈的分支、胸廓內動脈的肋間分支及降主動脈的肋間血管穿支。

乳房的靜脈回流分深、淺兩組：淺靜脈分佈在乳房皮下，多匯集到內乳靜脈及頸前靜脈；深靜脈分別注入胸廓內靜脈、肋間靜脈及腋靜脈各屬支，然後匯入無名靜脈、奇靜脈、半奇靜脈、腋靜脈等。當發生乳腺癌血行轉移時，進入血行的癌細胞或癌栓可由以上途徑進入上腔靜脈，發生肺或其他部位的轉移；亦可經肋間靜脈進入脊椎靜脈叢，發生骨骼或中樞神經系統的轉移。

乳房的淋巴引流主要有以下途徑：腋窩淋巴結、內乳淋巴結、鎖骨下／上淋巴結、腹壁淋巴管及兩乳皮下淋巴網。乳房的神經由第二～六肋間神經皮膚側支及頸叢三～四支支配。除感覺神經外，尚有交感神經纖維隨血管走行分佈於乳頭、乳暈和乳腺組織。乳頭、乳暈處的神經末梢豐富，感覺敏銳，發生乳頭皸裂時，疼痛劇烈。

四、豐滿乳房的成因

顯而易見，乳房增大主要是靠脂肪堆積和乳腺管增長，呈現出其豐滿的特色。脂肪占了乳房構造的百分之九十，這裏的脂肪量之多僅次於臀部。

乳房發育的大小除受激素作用的影響以外，還受遺傳、環境因素、營養條件、體質、體育鍛鍊等多種因素的影響。

1.激素作用

在青春期時，乳房組織中的乳腺受到雌激素（estrogen）和黃體激素（proges－terone）的刺激開始成長，構成乳房的乳腺及其周圍的脂肪組織在乳頭及其周圍

乳房豐滿、堅挺，配以勻稱的體形，美不勝收（Debenport 的攝影作品）

的乳暈形成一個扭扣樣的小鼓包，使乳頭和乳暈隆起，乳頭開始變大。其後乳頭隆起更為明顯，也漸漸變得更為豐滿，最後發育為成人的乳房形狀。乳房的發育以十歲至十八歲為「高峰期」，十八歲之後成長較為緩慢。月經週期期間乳房因腺體組織的細胞增殖而稍微腫脹。如果沒有懷孕，週期後胸部會恢復原狀，但若懷孕後會再度發育，雌性激素、黃體激素、胎盤的促黃體激素以及腦下垂體前葉分泌的泌乳素濃度會升高而使乳房變大。應適當把握發育時期健胸，才能事半功倍。

2. 遺傳因素

受遺傳的影響，乳房發育的時間、速度及其形狀各不相同，女孩的乳房發育有很大的個體差異。有的女孩才八、九歲乳房就開始發育了，而有的女孩要到十六歲或更大點乳房才開始發育。有的人發育晚，但速度很快，有的人發育較早，但速度較慢。

有的人會比較豐滿而有的人就會比較小，並且也會有一邊大、一邊小等不勻稱等困擾現象。大多數女孩在月經初潮之時，大約在九～十四歲乳房開始發育，十六歲左右發育定型，二十五歲以後一般不再增大。

3.環境因素

青春期女孩在乳房發育過程中，有時會出現輕微脹痛或癢感，不要用手捏擠或搔抓。青春期女性應認識到：此期乳房發育是正常的生理現象，也是健美的標誌之一，應加倍保護自己的乳房使之豐滿健康。

乳房發育較早的東方女孩常常為此而難為情、煩惱而設法刻意掩飾自己的胸部來作逃避，走路時低頭含胸，或穿緊身衣束胸，結果限制了乳房和胸廓的正常發育。

而束胸的做法會壓迫乳房和乳頭凹陷，乳腺發育不良，會造成將來泌乳和哺乳的困難，也容易引起乳部疾病。在勞動或體育運動時，也要注意保護乳房，避免撞擊傷或擠壓傷。

充分展示胸部之美，激起對母性的嚮往（Debenport 的攝影作品）

4. 體質的影響

一般來說，乳房的大小和體態胖瘦基本相稱。胖人的乳房中脂肪積聚較多，所以乳房大些；體瘦的人，乳房中脂肪積聚也相應減少，故乳房小些。

5. 營養條件

相信一般人都有這種認知，很少看到骨瘦如材的女孩有豐滿的乳房，因為乳房組織是一個貯藏脂肪的倉庫，其中脂肪佔乳房的大部份。要改善胸部發育，就要維持體重不要太輕，避免過度節食而使體內脂肪太少，缺乏豐胸基本原料，尤其是在青春期時不要刻意去減肥，因為發育期間的營養不足是不可能有豐滿的乳房。所以要健胸，首先要注意營養的補充，乳房脂肪多了，乳房自然也就顯得豐滿了。

6. 體育鍛鍊

乳房的基礎位於胸大肌筋膜前面，強化胸肌也可讓胸部豐滿。少女在乳房發育期應特別加強運動，促使胸肌發達。否則，胸廓發育不好，就直接影響乳房健

美。而少女胸廓發育良好，就能為塑造健美乳房奠定基礎。懷孕、疲憊、瘦身、曝曬在太陽下，甚至洗太熱的澡都會導致胸部失去原來的結實。所以，使用各種運動或體操，來保持乳房的健美，是非常重要的。

五、乳房的美學標準

然而什麼樣的乳房最美呢？人類關於女性乳房美的標準是不斷變化的，當今的標準是以往最高的，制定這一標準也趨詳細而科學。由於種族間的體質、文化傳統，心理因素等不同，各國乳房美的標準多少存在些差異，其中東方人與歐美人的差別最大，如美國暢銷男性雜誌評選的最美乳房，顯然不能被中國人接受。而且，乳房美的標準又與制定

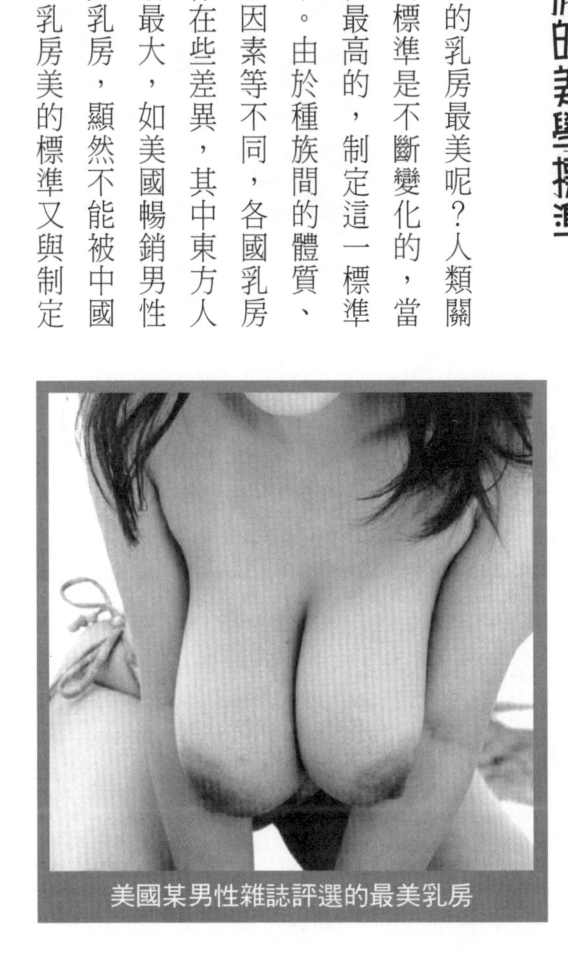
美國某男性雜誌評選的最美乳房

西方崇尚碩大飽滿的乳房

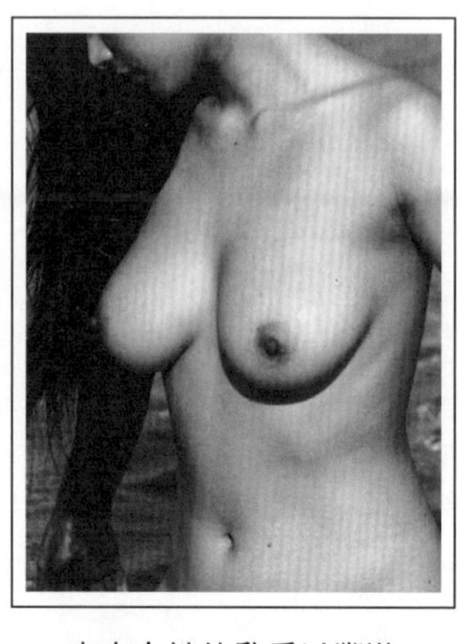

東方女性的乳房以豐滿、勻稱、大小適度爲美

標準的目的而有不同，如藝術家常以維納斯的乳房做為美的乳房參數，而胸圍達到一二一公分的維納斯只是一種藝術的美，與現實女性乳房美的差距甚大。

健美比賽也有其標準，身高一六〇公分的女性，其胸圍要達八四～八六公分；東方女性選美的體型要求為：身高一六〇——一六五公分，胸圍八二——八六公分。

現代科學研究還發現，乳房美還受地理環境的影響，文化文明高的地區女性的乳房比文化文明低的地區的乳房位置高；未開化民族的乳房位置較低，歐美女性的乳房位置高；東方人多在中下位。歐美崇尚於碩大、飽滿、一定程度

少女的乳房較小、挺拔、
質地飽滿，間距較寬

下垂、有彈性的乳房，這與西方膳食習慣、體格等有關。在東方則以豐滿、柔韌、勻稱、大小適度的半球形乳房為最美。少女的乳房嬌小、挺拔、質地飽滿、間距較寬。年輕女性的乳房豐滿、圓潤、飽滿、富有彈性。

美麗的乳房的標準：

- 普遍觀點認為半球型、圓錐型的乳房是屬於外形較理想的乳房。
- 乳頭間距離在二二～二六公分之間，乳房微微自然向外傾。
- 乳房微微向上挺。
- 乳暈大小不超過一元硬幣，顏色紅潤粉嫩，與乳房皮膚有明顯的分界線，婚後色素沉著為褐色。
- 乳頭應突出，不內陷，大小為乳暈直徑的三分之一。
- 中國女性完美胸圍大小與身高的關係為：

胸圍＝身高×〇．五三。按此計算：

胸圍／身高之值≦〇．四九，則胸圍太小；其值＝〇．五〇～〇．五三，則為標準；其值≧〇．五三，為美觀；其值＞〇．六為胸圍過大。

也就是說，一個一六〇公分的成熟的女子，她的標準胸圍應該是八四．八公分；一七〇公分的成熟女子，其標準胸圍應為九〇．一公分。

乳房的健美標準包括乳房形態、乳房皮膚質地及乳頭形態等多方面的因素。為了比較容易判斷，以下乳房健美標準的評分表可供參考。滿分為一〇〇分，一般情況以七四分以上為健美。

標準胸圍：達到——三〇分；相差一公分以內——二五分；相差二公分以內——二〇分；相差二公分以上——一〇分。

乳房類型：半球型——三〇分；圓錐型——二五分；圓盤型——二〇分；下垂型——一〇分。

乳房位置：正常——一〇分；過高——八分；——側高—側低——五分；過低——二分。

乳房彈性：緊張有彈性——一〇分；較有彈性——八分；尚有彈性——五

分；鬆弛——二分。

乳房外觀：正常——一〇分；顏色異常——八分；皮膚凹陷、皺褶、疤痕皮膚——五分；凹陷、皺褶、疤痕、顏色異常——二分。

乳頭形狀：挺出、大小正常——一〇分；過小——八分；下垂——五分；凹陷或皺裂——二分。

乳房的健美有其特有的魅力，亞洲的統計表明，有百分之九十六的男性被其吸引，法國某雜誌社統計法國男性，感到顏面以外的魅力，占百分之五十以上，美國為百分之六十以上，可見在身材曲線美和儀態美方面，乳房美的魅力是無可代替的。

乳房與人的相貌一樣，千人千面。不同類型的乳房隨年齡增長和不同的生理階段也有變化，不僅如此，每個人自己的左右乳房也存在

年輕女性的乳房豐滿、圓潤、飽滿，富有彈性

一定的差異。就像人體其他對稱部位均存在不勻稱——左右手不一樣大，左右肺不一樣大，左右眼不一樣大，兩側臉頰不一樣大，左右乳房也是不一樣大的。只是有的人明顯，有的人不明顯。

由於乳房的形態和位置存在著較大的個體差異，女性乳房的發育還受年齡及各種不同生理時期等因素的影響。因此，應避免將屬於正常範圍的乳房形態及位置看作是病態，從而產生不必要的心理負擔。

六、乳房的生理功能

乳房是女性性成熟的重要標誌，是女性最重要的性敏感區之一，也是分泌乳汁、哺育後代的器官。乳房對孩子來說是母性的象徵，對男性來說是美與渴（慾）望的對象，所以，在電影、電視、畫報、文字作品中的女性總是有著豐滿的乳房。乳房對女性來說則是重要的性器官，它在性活動中也起著重要作用，但人們往往忽視了這一點。乳房的神經分佈和神經末梢的數量是很豐富的，乳房與其他性器官的關係是十分密切的。

1. 哺　乳

哺乳是乳房最基本的生理功能，乳房是哺乳動物所特有的哺育後代的器官，乳腺的發育、成熟，均是為哺乳活動作準備，在產後大量激素的作用及小嬰兒的吮吸刺激下，乳房開始規律地產生並排出乳汁，供嬰兒成長發育之需。在妊娠期，乳房會發生一些改變，受性激素的影響，乳腺腺管、腺泡均增生，乳房增大，乳頭、乳暈色素沉著明顯，乳暈處的皮脂腺突起，妊娠後期可擠出黃色乳汁。

妊娠期，雌激素刺激乳腺腺管發育，孕激素刺激乳腺腺泡發育。同時，垂體泌乳素，胎盤生乳素、甲狀腺素，皮質醇和胰島素參與或促進乳腺生長發育及乳汁的產生泌乳。隨著胎盤剝離排出，胎盤生乳素、雌激素水準急劇下降，體內呈低激素，高泌

哺乳（雷諾阿）

乳激素水準，乳汁開始分泌。當嬰兒吸吮乳頭時，由乳頭傳來的感覺信號經傳入神經纖維抵達下丘腦，通過抑制下丘腦多巴胺及其他催乳激素抑制因數，使垂體泌乳激素呈脈衝式釋放，促進乳汁分泌。同時，吸吮動作反射性地引起垂體後葉釋放催產素，催產素使乳泡周圍的肌上皮細胞收縮噴出乳汁。

2.構成女性第二性徵

乳房是女性第二性徵的重要標誌。一般來講，乳房在月經初潮之前二─三年即已開始發育，也就是說在十歲左右就已經開始生長，是最早出現的第二性徵，是女孩青春期開始的標誌。擁有一對豐滿、對稱而外形漂亮的乳房也是女孩健美的標誌。不少女性因為對自己乳房各種各樣的不滿意而尋求做整形手術或佩帶假體，這正是因為每一位女性都希望能夠擁有完整而漂亮的乳房以展示自己女性的魅力。因此，可以說，乳房是女性形體美的一個重要組成部分。

3.乳房在性愛中扮演重要角色

乳房作為第二性徵成為女性的性感帶，可激發性愛，在性生活中扮演著「風流倜儻」的重要角色。據生理學家的研究，凡乳房豐滿、乳頭如珠、發育良好、色素正常的，象徵其卵巢、子宮發育健全而良好。性解剖學者指出，對乳頭的刺激會使性的興奮及時達到頂點而增強性的快感。這與古人的觀點是相同的。

乳房是僅次於陰蒂的性敏感區，對乳房和乳頭的愛撫與刺激，不僅有效地激發性慾，而且更有利於夫妻之間的雙向交流，形成美好的心理感受。用手掌輕輕地揉捏和按摩乳房，就足以喚起大多數女人的性激動。

乳房受到手指的觸弄或者嘴唇和舌頭的吸吮，使乳頭受到進一步的刺激，整個胸部都會感到腫脹，而乳頭本身則會挺立起來，類似於陰蒂或男性陰莖的勃起。與此同時，生殖器也會有所反應。子宮會伴隨著乳頭接受刺激而產生收縮。給予乳頭的局部刺激對女人來說是一種持久而強

普賽克第一次接受愛神（丘比特）之吻（熱拉爾）

烈的性吸引，甚至嬰兒的吸吮也常常會激起性的感覺。

女性乳房在性反應週期中的生理反應是這樣的：在性反應週期的初始階段即興奮期中，乳房對性緊張反應增強的最先表現就是乳頭充血、變硬、勃起。接著，在進入性反應週期的持續期階段，整個乳房的實際體積會明顯脹大，這是乳房深部血管充血反應的結果，同時乳頭周圍的乳暈部亦出現明顯充血而變得腫脹發亮。

進入高潮階段，乳房體積增加達到高峰，這種變化在未曾哺過乳的女性乳房尤其明顯（乳房比平時增大接近四分之一之多）。此時，乳房甚至出現顫抖現象，哺乳期中的乳房還可能噴射乳汁。高潮過後進入消退期，乳暈部腫脹迅速消退，回復到常態，這是乳房血管充血迅速消退的結果（消退過程通常持續五至十分鐘左右）。可以肯定，女性乳房興奮時充分的充血腫脹及高潮後迅速消退的過程，對保持女性乳房的健康具有重要意義。

歸納起來，女性乳房在性生活中有如下作用：乳房對男性有很大的吸引力和誘惑力。某些情況下，甚至超過了對陰部的吸引力。乳房的觸弄與吸吮是性行為中極其重要的一部分，它可能使女方性交慾望增強，並促使陰道腺體的分泌，若不事先刺激乳房，許多女性不會產生性交的慾望。在性生活中，乳房對於男女肌膚之間起著前奏的作用，而乳頭分佈有豐富的神經組織，當異性觸摸乳頭時，就會誘發衝動。有些女性很敏感，僅僅刺激乳房，就足以使其達到性高潮。

七、豐胸時尚

在清朝以前中國女性，地位極其低下，她們在世人眼中的形象一直是低眉順眼，含著胸，邁著三寸金蓮步。由於封建傳統觀念的束縛，她們不能拋頭露面，不敢挺胸抬頭做人。她們壓抑著女人的天性，不敢將自己美麗的容顏，嬌人的身軀展示在眾人面前。更有甚者，許多年輕女性在青春發育期，不得不用布條束著自己的胸部，人為的抑制著乳房的發育，以免因胸部太大而引發眾人異樣的目光。而隨著近代婦女地位的提高，以及社會不斷的進步，經濟飛速的發展，人們物質生活水準不斷的提高，女性一下子將自己愛美的天性盡情釋放出來，且發揮到了極致；隆鼻、紋眼線、紋眉這些小的美容項目已不能滿足她們的需求。除皺、豐胸、減肥、塑身才是她們更想得到的。而胸部豐滿則已成為女性自信和魅力的標誌。

如果說禁欲主義的時代過分壓抑了女性乳房的生長，造成女性對自己的乳房有一種恐大症，拼命加以束縛、掩飾；那麼，在商業社會的自由時代，鋪天蓋地的豐胸廣告則不斷的充斥著我們的眼球，刺激著我們的神經，滲透入我們生活中的每一個角落；電影、電視上的明星們不停地展示著她們傲人的胸部，「太平公主」、「飛機場」等不良辭彙不停的刺激著那些胸部扁平的女性，讓她們產生自卑。而那些胸部本來並不扁平的女性，也會對自己的胸部開始不滿，造成多數女性對自己的乳房有一種恐小症。想方設法去放大，裸露。

如何選擇快速、有效的方法讓胸部豐滿、挺拔，已成為女性、商家共同追尋的方向。經過多年不斷的摸索與發展，人們已初步掌握了以下一些豐胸術：

●手術豐胸

在乳暈，腋窩或皺壁下做一個小切口，在胸部剝離出一個腔隙，然後置入乳房假體即可。這種方法能使乳房迅速隆起，效果立竿見影，且終身受益，國外大多數女性都採用這種豐胸術。但並不是每位女性都願意選擇這種方法，它有時間、金錢上的限制，且有創傷，痛苦，手術切口部位有痕跡存在。

●注射豐胸

在胸部注射一種液體矽膠材料，使乳房豐滿，治療過程不開刀，痛苦小，見效快，但它有很大的風險，容易出現併發症，而併發症沒有很好的方法進行補救。

●矯形文胸

在乳罩中裝入海綿或液體作墊襯，顯現出豐滿的胸部外觀，達到裝扮作用。可是畢竟是假的，脫掉文胸時，依然是一馬平川，且夏天悶熱難耐，令人不適。

●飲食豐胸

女性朋友可以在享受美味的同時，刻意多食用一些豐胸食品，達到豐胸的效果。此種方法見效慢，一般女性都沒有耐心接受。

●運動豐胸

做豐胸操、按摩胸部、游泳等均可增大乳房。需要女性長期堅持，持之以恆，絕非一日之功。

●藥物、器械豐胸

器械豐胸相對來說比較容易掌握，效果也不錯。在女性朋友不願選用以上四種方法的時候，則可選用藥物和器械豐胸。

ul breast

健乳豐胸伴侶——乳罩

Beaut

一、乳罩的功能

乳罩也叫奶罩或胸罩，也有叫文胸的。按服飾分類，它屬於內衣的範疇。而起初乳罩並不是內衣，乳罩是女人做上衣束穿的，不再穿其他衣物。乳罩是美國女士瑪麗偶然發明的。一九一四年，她為參加一個盛大的舞會，翻遍了衣櫃也沒能找到一件滿意的衣服。於是，她讓女僕用了兩條手帕加上絲帶，紮起一對簡單的能夠支起乳房的半月型口袋——這便是世界上第一副乳罩。她裸露上身，戴了這副乳罩去參加舞會，頓時引起轟動，大出風頭。消息很快被一家緊身衣公司的老闆得知，立即上門買下這一專利，並迅速生產出第一批乳罩。

醫學家和生理研究表明，乳罩可彌補女性形體缺陷，調整乳峰高度位置，使其頗具性感。更重要的是它可保護、托起、固定乳房，防止乳房下垂、外傷、過分擺動，減輕和防止乳房疼痛，保證乳房正常血液循環，有利於女性生理健康。

由於生理發育不同，有的女性乳房過大、過小或左右不對稱，也有的因患胸部疾病（如空洞性肺結核、乳腺癌等），做了必要的外科手術，致使術後胸部塌陷，使一些風華正茂的女青年產生憂慮和苦惱。

現代的胸罩外科整形手術，固然可以「妙手回春」，但是最簡單，最經濟的矯正方法則是戴乳罩了。

戴乳罩過鬆起不到托起的作用，過緊可能影響乳房的發育。國外有人報告了八百例婦女戴乳罩的情況，過早或過緊，以及晚上睡覺不鬆解乳罩的人，有不同程度的乳房發育不良，在哺乳期乳汁分泌過少，還易患乳房疾病，影響嬰兒的餵乳。

二、乳罩的尺寸

佩戴乳罩可說是保護乳房，突出女性曲線的好方法。如何確定乳罩的尺寸呢？

方法：取坐位，兩臂靠攏，經腋下測量胸圍此為胸圍1，用來決定乳

針織乳罩托起完美的乳房

罩胸圍，如為奇數（如33），使用其相鄰較大的偶數（即34）；再經乳頭水平測量乳房最豐滿部位的胸圍，此為胸圍2。

以兩胸圍的差數確定乳罩的凸度，即乳罩杯的大小，用A，B，C，D來表示。如差數是6～11公分，則乳罩杯尺寸為A，差數為11～13.5公分為B，差數為13.5～16公分為C，差數為16～18公分為D。

三、乳罩的種類

乳罩的種類很多，根據的條件不同，劃分的種類也就不同。

根據質地，乳罩可分為棉布、絲綢、尼龍、的確良等類型。過去，我國大量應市的多屬於簡便型乳罩，是用棉花或棉倫彈力絲針織坯布縫製的。現在乳罩廣泛採用柔軟輕薄而又有收緊能力的針織坯布製作，而且還加上各種輕軟的襯墊材料，富有立體感。

根據肩帶，乳罩可分為背心式、吊帶式和無帶式。

背心式的肩帶很寬，不勒肩膀，穿上去就像穿一件小馬甲一樣，很舒適，文雅不俗。

吊帶式的肩帶是兩根稍窄一些布帶，它分為被扣和旁扣兩種。背扣的開口在背後，穿上活潑大方，較受女青年的喜愛，旁扣的鈕扣開在旁邊，便於脫穿，也便於哺乳，所以，很受哺乳的婦女和年紀較大的婦女歡迎。

無帶式乳罩沒有肩帶，大多以鋼圈支撐乳房，便於搭配露肩及寬領性感的服飾。

根據罩杯可分為全罩杯胸罩、四分之三罩杯胸罩、二分之一罩杯胸罩、二分之一罩杯胸罩。

全罩杯胸罩：可以將全部的乳房包容於罩杯內，具有支撐與提升集中的效果。任何體型皆適合，更適合乳房豐滿及肉質柔軟的人。

四分之三罩杯胸罩：四分之三罩杯是四種胸罩中，集中效果最好

時尚的深V字型乳罩盡展乳房之美

3/4 罩杯乳罩

全罩杯乳罩

1/2 罩杯乳罩

3/4 罩杯乳罩

的款式，如果你想讓乳溝明顯的顯現出來，那您一定要選擇四分之三罩杯來凸顯乳房的曲線。任何體形皆適合。

二分之一罩杯胸罩：利於搭配服裝，此種胸罩通常可將肩帶取下，成為無肩帶內衣，適合露肩的衣服，乳房的提升效果頗不錯，胸部嬌小者穿著後會顯得較豐滿。

根據外形設計可分為下面幾種類型：

魔術胸罩：在罩杯內側裝入襯墊，藉以提升並托高胸部，可表現胸形及深墜的乳溝。

無縫胸罩：罩杯表面是無縫處理，縫入厚的綿墊，適合搭配緊身服飾。

前扣胸罩：鉤扣安裝於胸前，一般便於穿著，也具有乳房集中效果。

長束型胸罩：是標準胸罩一種，能把腹部背部之贅肉及多餘的脂肪往胸部集中。

無肩帶長型胸罩：可以調整腹部、腰部之贅肉，表現你的曲線，現多用來搭配性感服飾，比如晚禮服等。

前胸深V型乳罩：從外觀看，這種乳罩屬於時髦的款式，穿戴後使乳房前中

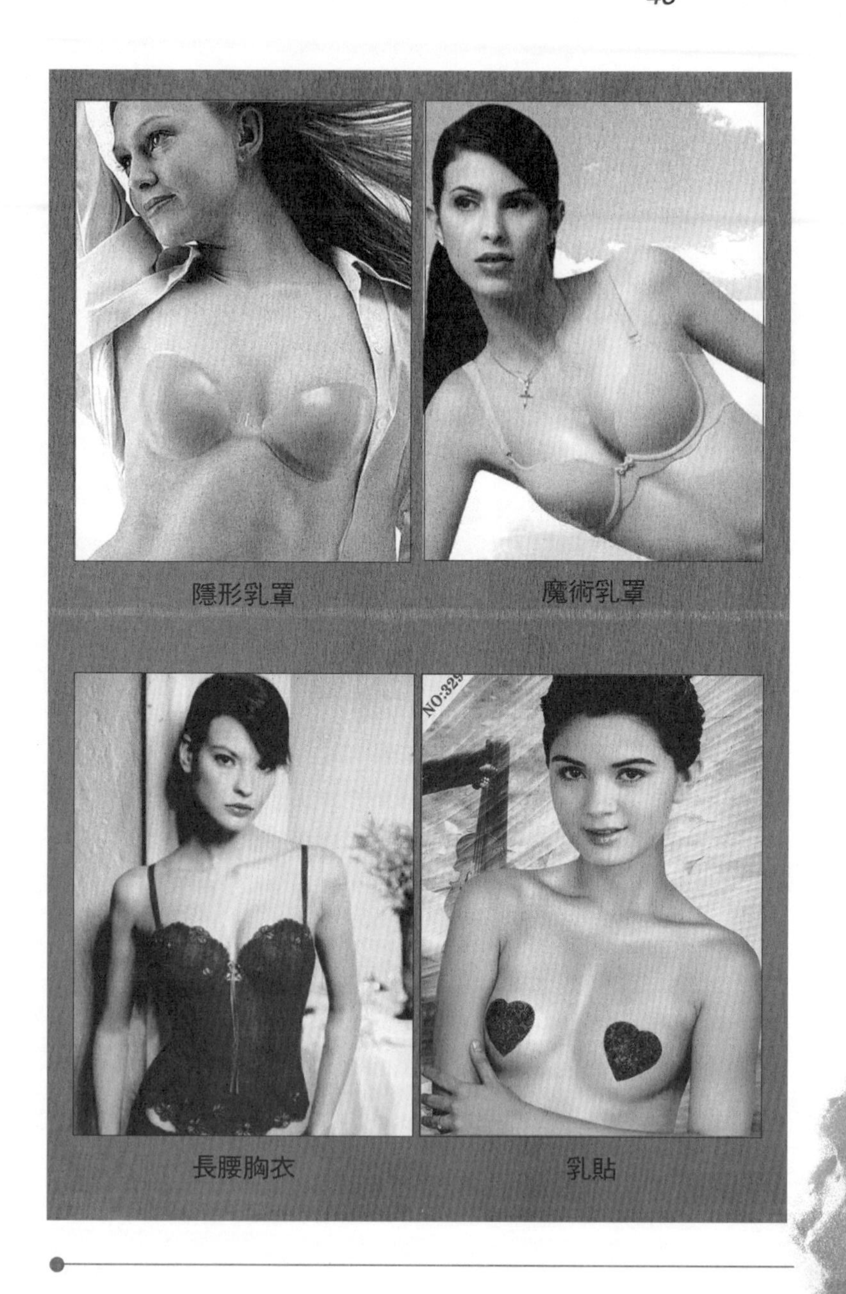

隱形乳罩　魔術乳罩

長腰胸衣　乳貼

心部位減少壓迫感，同時前胸部位顯得開闊，使乳房看來豐滿。因此，這種乳罩很符合現代女性追求外觀美的心理。

乳貼：直接貼在乳頭上的小型布片，能避免乳頭突顯。如果你的胸型完美，不需要文胸的修飾，而上穿著薄薄的緊身襯衣，乳貼便派上用場了。

水袋胸衣：隱藏式的液體加氣體軟墊，將胸部烘托的豐滿自然，而且穿起來有種涼爽的感覺，十分適於夏季，它還具有按摩乳房的作用。

隱形乳罩：隱形乳罩是一種高科技新型內衣，由兩片矽膠及前扣組成，使用時可以直接貼在身體皮膚上，沒有背帶束縛感，讓人感覺無拘無束，穿上數分鐘後，你甚至會忘記它的存在，感覺就像是沒有穿內衣一樣舒服自然。

隱形乳罩穿戴方法：

- 穿戴隱形乳罩之前，一定要先徹底清潔胸部肌膚，並在清潔之後及時擦拭乾淨，確保在穿戴隱形乳罩時胸部肌膚潔淨乾燥。
- 雙手拿著罩杯邊沿向外翻，找出罩杯中心點和你要求的胸部高度及乳頭位置，輕輕貼上即可。
- 兩邊罩杯位置合適後，請用雙手按下幾秒以做固定，再輕輕扣上搭扣。脫下時，先解開前面的扣環，然後輕輕將罩杯由上到下漸漸撥開，若撥開後有任何殘餘物黏杯，使用面巾紙擦拭掉。

按摩胸衣：按摩胸衣的按摩原理有多種，有物理的，有電子脈沖的，還有紅外線的。經常穿著，無形中按摩了胸部四周組織，促進乳腺再發育。

四、合理佩戴乳罩

每個婦女的乳房發育大小都不等，體型也有胖有瘦，必須根據各自的身體條件，選擇合適的乳罩。戴乳罩後要感到舒適而無壓迫感。乳罩太大起不了作用，太小則會妨礙乳房發育。

乳罩要選用透氣性好，吸水性好，細輕的棉布縫製產品。肩部的吊帶與背部的扣帶要寬闊，以利於對乳房支托。兩側乳房如大小不對稱，可在小的一側襯上海綿式紗布，使兩側對稱。乳罩和內衣一樣，應勤洗勤換，保持清潔。

1. 根據年齡佩戴乳罩

(1)青春期少女：

少女發育期間，乳房擴大，體形也產生明顯的改變，乳房輪廓廣而高度低，胸部也會隱隱作痛。所以，選擇乳罩時應特別注意材料的優劣，穿戴具有柔輕性且給人以服貼舒適感的乳罩。以年齡考慮，以素雅的乳罩為宜，為了去除初戴乳罩的羞澀，減輕不適感，可選擇背心式乳罩作為第一乳罩。

(2)青年女性：

成年女性是指二十—四十歲的女性。這時期的乳房發育完整而定型，同時也較適合接受活潑且具有現代感的乳罩。深V型乳罩或追逐時尚的乳罩都可用。

(3)中年婦女：

年齡到達四十—六十歲的女性，多希望選擇趨向傳統型的乳罩。這類乳罩在款式上具有較縝密的包容性。覆蓋乳房的部位較廣，給人以安全感。

2. 不同體型穿不同的乳罩

(1)盤子型（扁平型）：

胸部不豐滿，胸部輪廓過於擴散，高度過低。因此，選擇乳罩時，最好選擇有墊的乳罩，可彌補胸部過於平坦，或加強肋邊的塑膠軟墊，使乳房向內集中，達到挺實感。

(2)嬌小型：

乳房不夠豐滿，可利用加墊乳罩來加強高度，如全罩杯式的無縫乳罩，使乳房由上部至下部都可獲得均勻的弧度。

(3)下垂型：

這類胸部首先考慮的是加鋼圈乳罩，運用鋼圈的支撐力使胸部往上集中而達到挺實感。但若是屬於嚴重下垂狀態的乳房，則需運用無鋼圈乳罩來輔助。

(4)半球狀胸部的標準型與胸部往兩肋擴散型：

這是最漂亮的標準型胸部。由於胸部既不是太嬌小也不是太豐滿，在乳罩的選擇上有極大的彈性，各種乳罩都適合。但需注意尺碼和罩杯的合適，同時不需太厚的襯墊。

集中型胸部如穿戴加絲綿式無襯乳罩，則更能襯托美感。若胸部是屬半球狀，但底面積都向兩側擴散，應選擇加鋼圈、薄絲綿襯的乳罩，借助鋼圈及肋邊襯部軟墊的輔助，達到雙重擠壓的效果，使胸部往內集中，縮小雙乳間的距離。

少女配戴寬鬆活潑的乳罩透出一種清新

ul breast

健乳，從青春期開始

Beaut

一、乳房的發育

人類最熱愛，最感到親切，最能觸發創造激情的視覺對象恰恰是人類自身的肉體，即靈魂所寄託的生命實體。人體的美充分體現在人的自然屬性和社會屬性兩個方面，人類對形成美的一般法則的認識就是對人體的研究而獲得的。如對稱、和諧、比例、協調及黃金分割體等，就是源於對人體研究與認識，作為審美客體的女性人體就是大自然的縮影。

宇宙的全部奧秘在女性的身體上都可以找到它的印證，身體表面的凹凸紋溝似山，似丘，似海，似河流，飄拂的秀髮如奔騰瀉流的小瀑布，起伏的肌膚，豐臀，乳峰都會讓人聯想到大自然的造化。

女性形體的驚人起伏，表明了她們驚人的生命力，體現了一種多層次，多線條交合的及其和諧的美。女性輕柔優雅，韻律之美，如清風，如雲，如霞，如煙，如幽林曲澗，如珠之輝。溫克爾麥說過：「男性人體可以表現性格，而只有女性人體才能表現靈感。賦予更深的內涵——生命，青春，愛情，力量，豐滿突

出的乳房，表達了不可抗拒的人性意思。

乳房發育形成，特別是女性乳房是獨具特點的。與其他器官形成不同，它受許多因素的影響，胚胎發育的過程，內分泌平衡、脂肪代謝分佈，皮膚質量、長時間生力效應等等。從女性乳房發育形成和發展的全過程看，可以分成如下幾個階段：胚胎期、幼兒期、青春期、月經期、妊娠期、哺乳期、成年期、老年期。

在這些階段中，乳房的形態有著不同的變化，但這種變化是延續的，有規律的，主要是受體內內分泌的調節影響。

1.胚胎期

胚胎發育是乳房形成的第一步，乳房是外胚層的衍生物，胚胎第六週外胚層上出現乳腺發生線，簡稱乳線，乳線位於胚胎軀幹前壁兩側，由多

多線條交合的和諧美

處胚葉細胞構成。第九週，乳腺的上三分之一和下三分之一乳房始基開始退化，僅保留位於胸部的一對繼續發育，它的外胚葉細胞層向其深層的間胚葉細胞中下陷形成凹狀結構，表皮的基底細胞也隨增生而同時下降，形成乳芽，即乳腺細胞的原始結構，乳芽運側部位，發育成乳管，其運端發育成乳頭，這種結構一直維持至出生後，在青春期萌芽這種結構基本無大變化。

如果在胚胎期乳腺的上下三分之一未完全退化，額外的乳頭甚至乳房可沉線出現，稱為副乳。副乳可有一式多個，副乳的發生率，在胸及上腹部為百分之六十三，腋窩部為百分之二十二，腹股溝部為百分之三。副乳在青春期和妊娠期隨乳房增大而增大。如果胚胎期乳線全部退化或一側全部退化，則表現為先天性乳房缺失或半側乳房缺失。

2.幼兒期

胎兒在子宮內受母體的性腺和胎盤所產生的性激素影響，乳房有一定程度的發育和生理活動，所以嬰兒在出生後，無論男女，乳房可略隆起，並可觸到一—二公分大的腫塊，還可有少量乳液分泌，這些現象一般在出生後一～三週後逐漸消失，四～八個月後乳腺進入靜止狀態。

約十歲左右的女孩，丘腦下部和腦垂體的激素逐漸增加，刺激卵泡進一步發育並分泌物少量性激素，為青春期的發育做好準備。

3.青春期

生長發育期的乳房，由於卵巢的發育和逐漸成熟，並分泌雌性激素，從而刺激乳房開始發育。從十二～十三歲起，乳房逐漸增大，此時卵巢的卵泡還未成熟，大多數女孩尚無月經，因此，這時乳腺不很發達，主要是乳頭增大，乳腺葉間的脂肪細胞少，結締組織豐富，觸摸起來比較硬韌。與此同時，腺管增多並

輕柔優雅之美

且開始分支，好像樹枝一樣，越分越多，同時腺泡也開始形成發育。通常經過一年的發育，隨著月經的來潮，在十五～十七歲時，乳房發育基本成熟，乳腺、乳暈、乳頭增大成型、乳暈，乳頭的著色亦基本完成，脂肪組織也相繼增多，乳房發育成均勻的圓錐形。在乳腺管末端有成群的形成腺泡的細胞，乳房成為妊娠前的狀態。

4. 月經期

月經的初潮標誌著性及乳腺的成熟，隨著激素水平的週期性變化，乳腺組織亦出現週期性變化，即週期性的增生及退化復原。月經前期，乳腺變大且質韌，觸之量小結節狀，大多數婦女可感覺到乳房發脹不適或輕微疼痛及壓痛。月經開始後的一週期間，上述生理改變逐漸消退。一直到下一個週期又重新開始增殖性改變，如此周而復始，這些變化都在卵巢的作用下進行的。

5. 妊娠期

妊娠期對乳房發育的影響最大。可以說，只有在妊娠期，乳房才最後發育成熟，為分泌物乳汁和哺乳做好了充分的物質準備。妊娠期乳房表現出十分明顯的變化。這些變化也常作為診斷妊娠的輔助現象。

- 乳房進一步增大，豐滿。
- 出現「初暈」，即妊娠初期乳暈顏色加深，逐漸至褐色。
- 出現「乳暈結節」，在乳暈區出現許多皮膚小結節，由米粒大到綠豆大，大小不等。
- 乳頭變硬，增大，凸出，挺立。
- 乳房表面靜脈怒張，為乳腺血流循環增強所致。
- 出現初乳在妊娠三個月末，積壓乳房可見稀薄的乳汁流出。
- 一般在妊娠五個月出現「次暈」，在原來乳暈的周圍又出現一圈皮膚色素沉著。

妊娠期除乳房外觀發生明顯變化外，乳房內部結構也在發生變化。首先是乳腺，腺體發生明顯的改變，腺管進一步增長和分支，而且在每一個乳腺管的末端都形成一個腺泡，腺泡呈圓形式卵圓形，大小不一。這些腺泡迅速增大增多，細胞生長十分活躍。妊娠後期，腺泡更擴張，全乳管系統繼續增大。小葉間纖維受擠壓而減少，毛細血管增多，充血，妊娠期乳房所發生的這一系列變化主要是在雌激素和孕激素的作用下產生和進行的。

6.哺乳期

乳腺在哺乳期受垂體前葉生乳激素的刺激，腺泡進一步增殖，脹大，腺擴大，細胞呈柱狀，線粒體的內管器豐富，含有大量分泌物，而是交替分泌。哺乳期是乳腺功能旺盛的時期，一般將持續一年左右，斷奶數月後，乳腺基本恢復原狀。

7.更年期

隨著卵巢功能的減退和消失，月經逐漸減少而停經，在閉經前數年，因卵巢分泌物的刺激逐漸減少，乳腺也逐漸趨於萎縮，此時乳房可因脂肪沉積而脹大，腺體則普遍縮小，乳腺小葉及末端管縮小，甚至消失，乳管上端趨於扁平，小葉結構明顯減少，乳房失去彈性而下垂，尤其是多產婦乳房下垂更嚴重。在更年期，由於體內各種內分泌功能的紊亂，各種激素的平衡狀態發生紊亂，可能刺激乳腺組織發生異常改變。如慢性乳腺炎，乳腺癌等。

8. 老年期

此時期的乳管周圍纖維組織越來越多，硬死甚至轉化，小乳管及血管亦逐漸硬化和閉塞，最後只剩下皺縮的皮膚和乳頭。

二、青春期健乳

女孩子到了青春期，胸部悄悄地隆起了，一對乳房從開始時的平坦變得隆起而豐滿，乳頭乳暈部形成了一個小鼓包，以後會逐漸變得更大。面對自己身上悄悄發生的巨大變化，女孩們會有不同的感受。

有的女孩對性的知識知之甚少，加上比較粗心，乳房的變化並沒有引起什麼心靈的震動，還像從前一樣蹦蹦跳跳，一副無所謂的樣子；也有的女孩則比較敏感，她們意識到自己乳房的發育後，有幾分激動和欣喜，也有幾分羞澀和擔心，因為乳房的發育意味著自己也長大了，像那些大女孩一樣擁有漂亮的乳房了，但是，當別人的目光掠過自己的乳房時，又有些不自在，甚至有些尷尬，而且當感到乳房疼痛時，又會有些擔心，不知這是怎麼回事，不知這是不是正常情況，不知該向誰請教有關乳房的問題，這些女孩常常處於一種困惑狀態。

還有個別女孩，對乳房的發育感到羞恥，極不願意被別人看出自己的乳房已經開始長大，因而總是遮遮掩掩，穿很厚的上衣，戴很緊的乳罩，將乳房緊緊地裹在裏面，甚至故意含胸，以淡化乳房。殊不知束胸對身體及乳房發育極為不利，它會影響乳房的正常發育，直接限制乳腺管及腺泡的生長；還會影響肺的呼吸和心臟的跳動，使心肺功能受到損害，久之會引起肺方面的疾病；也會引起乳頭內陷，使本來應向外突出的乳頭擠壓埋入乳房組織內，形成乳頭內陷異常，將來無法哺乳或哺乳時易造成乳頭皸裂。

那麼，究竟應該怎樣看待青春期乳房的發育呢？首先，要明確青春期乳房發育是正常的生理現象，是從「小姑娘」走向「大姑娘」的第一步，因此，既不要過於緊張，亦不可毫不在意，應該重視自己身體的這一變化。在青春期要對乳房進行科學地養護。

(1)避免一切外來傷害，避免強力擠壓乳房

這一點要特別注意。乳房受外力擠壓，有兩大弊端：一是乳房內部軟組織易受到挫傷，或使內部引起增生等。二是受外力擠壓後，較易改變外部形狀，使上聳的雙乳下塌下垂等。避免用力擠壓乳房應注意兩點：

①睡姿要正確。女性的睡姿以仰臥為佳，儘量不要長期向一個方向側臥，這樣不僅易擠壓乳房，也容易引起雙側乳房發育不平衡。

②夫妻同房時，應儘量避免男方用力擠壓乳房。

(2)配戴合適乳罩

當乳房已接近成人乳房大小時，應開始戴乳罩。一般女孩子在十六～十八歲，測量乳房上底部經乳頭至乳頭下底部的距離大於十六公分時即可

戴了。選擇胸罩時應先測一下底腰圍（乳房下的緊身胸圍）和頂胸圍（乳房最高處的緊身胸圍）。這兩個胸圍尺寸之差為胸圍差。底胸圍是乳罩的基本規格，胸圍差是選擇乳罩型號的依據。胸圍差六—一一公分為A型，一一—一三・五公分為B型，一三・五—一六公分為C型，一六—一八公分為D型，要選擇型號適中的乳罩，應做到以下三點：

①配戴乳罩不可有壓抑感，即乳罩不可太小，應該選擇能覆蓋住乳房所有外沿的型號為宜。

②乳罩的肩帶不宜太鬆或太緊，最好是可少許鬆緊的鬆緊帶。

③乳罩凸出部分間距適中，不可距離過遠或過近。

另外，乳罩的製作材料最好是純棉，不宜選用化纖織物。

有些少女常常不配戴乳罩，認為乳房未長成，故不必戴乳罩。其實想錯了，若長期不配戴乳罩，不僅乳房易下垂，而且也容易受到外部損傷。只要乳罩配戴合適，就不會影響乳房的發育，有利無害。

(3)洗浴要得法，忌用過冷或過熱的浴水刺激乳房

乳房周圍微血管密佈，受過熱或過冷的浴水刺激都是極為不利的，如果選擇坐浴或盆浴，更不可在過熱或過冷的浴水中長期浸泡。否則，會使乳房軟組織鬆弛，也會引起皮膚乾燥。

(4)保持乳頭、乳暈部位不清潔

女性乳房的清潔十分重要，長時期不潔淨會引起炎症或皮膚病。

(5)不要過度節食

飲食可控制身體脂肪的增減，營養豐富並含有足量動物脂肪和蛋白質的食品，可使身體各部分儲存的脂肪豐滿。乳房內部組織大部分是脂肪。乳房內脂肪的含量增加了，乳房才能得到正常發育。

有些女性，一味地追求苗條，不顧一切地節食，甚至天天都以素食為主，結果使得乳房發育不健全，乾癟無形，再使用養護措施也就於事無補了。適量蛋白質食物的

攝入，能增加胸部的脂肪量，保持乳房豐滿。

(6)適當做些豐乳操，輕度按摩可使乳房豐滿，切忌不鍛鍊

做豐乳操是實施乳房鍛鍊的措施之一，這對於乳房組織已基本健全的女性是十分重要的。

實際上，鍛鍊的本身並不能使乳房增大，因為乳房內並無肌肉。鍛鍊的目的是使乳房下胸肌增長，胸肌的增大會使乳房突出，看起來乳房就大了。

(7)少女忌用激素類藥物豐乳

少女正處在生長發育的旺盛時期，卵巢本身分泌的雌激素量比較多，如果選用雌激素藥物，雖然可以促使乳房發育，但卻同時潛伏著一些極不利的危險因素。女性體內如果雌激素水平持續過高，就可能使乳腺、陰道、宮頸、子宮體、卵巢等患癌瘤的可能性增大。常用的雌激素有苯甲酸雌二醇、乙烯雌酚等。濫用這些藥，不但易引起噁心、嘔吐、厭食，還可導致子宮出血、子宮肥大，月經紊亂和肝、腎功能損害。

(8)不要長期使用「豐乳膏」

健美乳房常用的豐乳膏一般都採用含有較多雌性激素的物質，塗抹在皮膚上可被皮膚慢慢地吸收，進而使乳房豐滿、增大，短期使用一般沒有什麼大的弊病。但如長期使用或濫用，輪換使用不同類的豐乳膏就會帶來以下不良後果：

①會引起月經不調，色素沉著；②會產生皮膚萎縮變薄現象；③使肝臟系統紊亂，膽汁酸合成減少，易形成膽固醇結石。因此，一定要慎用豐乳膏，特別忌長期使用。

(9)睡眠前一定把胸罩鬆開或取下來，以免妨礙呼吸，影響睡眠的深度

側身睡覺易壓乳房，造成雙側不對稱，特別是俯臥式，雙側乳房受壓，會造成乳頭內陷及乳頭發育偏小。最好的睡眠姿勢是仰臥。

平常要注重身體鍛鍊，因為適當的運動能促進乳房的正常發育，並能增進健康，是最方便、經濟的健乳方法。每天堅持做發達胸廓和胸肌的運動，保持挺胸收腹的良好姿勢。平時走路要抬頭挺胸，收腹緊臀；坐姿也要挺胸端坐，不要含胸駝背。

ul breast

合理飲食，培育「漂亮寶貝」

Beaut

營養物質的攝入，對乳房的發育有極為重要的作用，因為營養物質是塑造豐美乳房的原始材料，試想沒有足夠的材料，如何構造豐碩的胸峰呢？

在乳房的生長發育期，應加強營養，多吃一些豆類、蛋類、牛奶等富含蛋白質的食物，特別要補充鋅，因為鋅是促進人體生長發育的重要元素，特別是促進性徵的產生，性機能的形成。

鉻元素也是一種活性很強的物質，它能促進葡萄糖的吸收並在乳房、臀等部位軟化脂肪，促使乳房的豐滿、臂部的圓潤。特別是處於生長發育的女性，不應為追求苗條而過分節食，否則極有可能因營養不良而妨礙乳房的發育，錯過長成豐腴美健乳房的機會。

還可以吃一些促進激素分泌的食物，如捲心菜、花菜、葵花籽油、菜籽油、芝麻油等。蛋白質、亞麻油酸，B群維生素也是身體合成雌激素不可缺少的成分。含蛋白質豐富的食物有奶及乳製品、瘦肉、蛋類、豆及豆製品等；含維生素B群多的食物有動物臟器、魚、蛋、綠豆芽、粗糧，豆類、牛奶、牛肉、新鮮水果；含亞麻油酸多的食物有芝麻油、菜籽油、花生油等。雌激素的分泌可促進乳房和乳頭的發育，使乳房逐漸隆起變得豐滿。

乳房發育不夠豐滿，也應多吃一些含熱量較多的食物，如蛋類、肉類、花生、芝麻、核桃、豆類等食品。透過熱量在體內積蓄，使瘦弱的身體豐滿，同時乳房中也由於脂肪的積蓄而變得挺聳，富有彈性。

為避免中老年後出現乳房萎縮，可以吃一些富含維生素E以及有利激素分泌的食物，如捲心菜、花菜、葵花籽油、玉米油和菜籽油等。

一、日常豐乳食物

⑴木瓜、魚、肉及鮮奶等富含豐富蛋白質，還含有維生素B，有助激素的合成，均可健乳。

⑵黃豆、花生、杏仁、桃仁、芝麻及粟米等種籽和堅果類，是有效的健乳食品，不妨多吃。

⑶橙、葡萄、西柚及番茄等含維生素C的食物，可防止乳房變形。

⑷芹菜、核桃及紅腰豆等含維生素E的食物，有助乳房發育。

⑸椰菜、椰菜花及葵花籽油等含維生素A的食物，都有利激素的分泌。

(6)米酒蛋花——把米酒釀加糖沖蛋花，於生理期間早晚服用一碗，可達美容和豐乳的效果。
(7)蹄筋、海參及豬腳富含膠質的食物，能促進乳房發育。
(8)多吃海產食品，如蝦貝類等，其所含的鋅是製造荷爾蒙的主要元素。

二、把握每個月的飲食豐乳時期

月經來潮的第十一～十三天，為豐胸最佳時期，第十八～二十四天為次佳的時期，因為在這十天當中影響乳房豐滿的卵巢動情激素是二十四小時等量分泌的，這也正是激發乳房脂肪囤積增厚的最佳時機。

當然在這十天的飲食中必須攝取適量含有動情激素成分的食物，如青椒、番茄，紅蘿蔔、馬鈴薯以及豆類和堅果類等，並且要多喝牛奶，尤其是木瓜牛奶，最好避免可樂、咖啡。

很多人都希望自己擁有豐滿堅挺的乳房，試圖嘗試各種豐乳秘方，但卻未見期望的效果。很少人能知道在日常生活中有很多豐乳的機會。從第一次月經週期的開始，卵巢動情激素就已經扮演好驅動乳房由平坦逐漸變豐滿的角色，只要好好利用與生俱來的資源，掌握每個月中的十天，也就是豐胸的最佳時期，加強營養，適當按摩，就能激發乳房使體積慢慢增大。這可比漫無天日地的吃豐乳藥品、秘方，或塗摸豐胸霜等更有效果。

三、豐乳藥食方

雖說食補不會一蹴而就，如佐以藥性食物，但只要循序漸進，就一定會迎來罩杯升級的驚喜！

1.山藥＋青筍＋雞肝

山藥是中醫推崇的補虛佳品，富含黏蛋白，具有健脾益腎、補精益氣的作用；雞肝富含血紅素鐵、鋅、銅、維生素A和維生素

B群等，不僅有利於雌激素的合成，還是補血的首選食品，萵筍則是傳統的豐胸蔬菜，三者合用，具有調養氣血的作用，可以促進乳房部位的營養供應，還能改善皮膚的滋潤感和色澤。

註：不要在餐前餐後喝咖啡和濃茶，以免影響食物中營養物質的吸收。雞肝也可以換用豬肝或羊肝。

原料：山藥、青筍、雞肝。

調料：鹽、味精、高湯、澱粉

做法：

(1)山藥、青筍去皮、洗淨、切成條，雞肝洗淨，切片待用。

(2)全部原料分別用沸水焯一下。

(3)鍋內放底油，加適量高湯，調味後下入原料，翻炒數下，勾芡即成。

2.木瓜＋紅棗＋蓮子

木瓜是我國民間的傳統豐胸食品，維生素A含量極其豐富，而缺乏維生素A會妨礙雌激素合成。中醫認為木瓜味甘性平，能消食健胃、滋補催乳，對消化不良者也具有食療作用。木瓜可配牛奶食用，也可以用來製作菜餚或粥食。紅棗是調節內分泌、補血養顏的傳統食品；紅棗配上蓮子，還有調經益氣、滋補身體的作用。

註：木瓜外皮青綠、內瓤橙紅，味道甜美，適合所有愛美女性。製作這款甜品時，擔心體重增加的女性，可以加入元貞糖等無熱量甜味劑調味，瘦弱女性可以中入蜂蜜調味。

原料：木瓜、紅棗、蓮子。

調料：蜂蜜、冰糖。

做法：

(1)紅棗、蓮子、加適量冰糖，煮熟待用。

(2)將木瓜剖開去籽，放入紅棗，蓮子、蜂蜜，上籠蒸透即可。

3.核桃＋松仁＋粟米

核桃和松仁是經典的滋補食品，它們富含維生素E和鋅，有利於延緩乳房衰老。此外蛋白，礦物質、B群維生素也十分豐富，還是美容美髮潤膚的佳品，更要緊的是，核桃和松仁都是亞麻酸的上好來源，這正是最近風行的健胸保健成分，有刺激雌性激素合成的功能。玉米本身富含維生素E，也是專家推崇的健胸食品。

註：炒菜時使用葵花籽油最佳，因為葵花籽油中也富含亞麻酸。食用這湯羹不可過量，建議每天吃三四勺即可。否則有可能熱量過多引起肥胖。

4.黃豆＋青豆＋雞翅

黃豆、青豆和黑豆都是著名的豐胸食品，不僅富含蛋白質、卵磷脂，還含有植物雌激素異酮類物質。而且，它還具有預防中年婦女骨質疏鬆的作用呢！此外，人們只知道豬腳是美容佳品，卻不知道雞翅膀也含有大量膠原蛋白，而且蛋白質含量高於豬腳，與黃豆同食，對豐胸十分有益。

註：黃豆和青豆要整粒用水浸泡，不要除去外皮。雞翅應選用翅中和翅尖，不要選擇膠原蛋白含量較低的翅根部位。

5.枸杞＋酒釀＋鵪鶉蛋

酒釀雞蛋是非常傳統的豐胸食品，其中發酵產生的酶類、活性物質和B群維生素有利於乳腺發育。鵪鶉蛋當中含有豐富的蛋白質，B群維生素A、E等。枸杞則是滋補肝腎的佳品，也是美容藥膳中常用的原料，維生素A含量特別豐富。除了美胸效果外，這些食物還能促進營養吸收，讓女性的臉色更加滋潤動人。

註：鵪鶉蛋的滋補作用強於雞蛋，但若有特殊情況，也可以使用雞蛋。蛋黃比蛋白效用更好，其中的膽固醇對乳房發育有利。因此決不可棄去蛋黃部分。

6. 花生＋黑芝麻

花生與黑芝麻以富維生素E著稱，能促使卵巢發育和完善，使成熟的卵細胞增加，刺激雌激素的分泌，從而促進乳腺管增生、乳房長大。

芝麻中還含有強力抗衰老物質芝麻酚，是預防女性衰老的重要滋補食品，其中的B群維生素含量十分豐富，可促進新陳代謝，有利於雌性激素和孕激素的合成，故而能起到美胸功效。

註：花生最好不去外面的紅衣，因其有極好的補血功效。黑芝麻可以炒熟後碾碎加入，這樣才能充分被身體吸收。

7. 牛奶燉雞

嫩雌雞一隻（重約七五〇克）、牛奶四〇〇克，薑片一塊，精鹽等調味品。

作法：雞洗淨去毛及腸臟，洗後可切開，放入砂鍋內，加水、薑及牛奶，燉三小時左右，即可加調味食用。本品營養豐富，有較好的豐胸作用。

8. 淡菜蓯蓉東菊蛋

取蓯蓉、東菊、淡菜各十克，鴨蛋兩個，共煮，待蛋熟，敲開一頭再煮，棄藥食蛋，可每日食一次。常食用，可補腎益髓，改善體質，特別適合哺乳後，中年、更年期女性，不可不成。

9. 羊肚燜鱔魚

羊肝十克，切片，鱔魚一五〇克。切斷。加料醃二十分鐘。然後用油爆羊肝及鱔魚。加入黑棗二十克、花生三十克、生薑片十克，調味醬油等，燜熟即可，每晚食一次。功效與上方相近。

10. 紫河車豐乳面

材料：紫河車一個、瘦豬肉十克、黨參二五克、山藥（准山）二五克、枸杞子十五克、紅棗六粒，薑二片、密棗二粒，鹽、雞精適量。

做法：

(1)瘦豬肉切塊先洗淨備用。

(2)其他材料洗淨的後備用。

(3)將所有材料放入滾水燉盅內，加入二～三碗熱水，隔水燉二十五個小時，湯成後放入鹽及雞精調味即可飲用。

紫河車即是胎盤，性味甘鹹而微濕，含豐富女性激素助孕酮、類固醇激素、促腎上腺皮質素等，能有效促進乳腺、子宮，陰道的發育。本方適合身體虛弱，乳房發育不良，臉色萎黃蒼白者飲用。

11.木瓜豬骨花生湯

材料：青木瓜二個、紅皮花生仁十克、豬骨二五〇克，密棗二粒，紅棗四粒，鮮雞腳六支、生薑四片、鹽。

做法：

(1)鮮雞腳洗淨去爪，豬骨洗淨，花生，紅棗去核洗淨，木瓜去皮洗淨切塊備用

(2)用十～二十碗水煮滾後，加入鮮雞腳、豬骨、紅棗、花生以及木瓜、先用大火煮十分鐘，再用小火煮三小時，再加入鹽調味即可。

此湯有清暑解渴助消化、健脾等功效，於夏天最為需要。此湯可使全家人無暑熱，脾胃消化正常；更可幫助小孩發育健康、骨骼強壯，以及有肋少女豐胸。

此湯材料普通但實效非常，宜於夏季多飲之。

12.花生豬腳豐乳湯

材料：花生一〇〇克（選大粒紅皮較好）、紅棗十粒，豬腳二支，蜜棗二粒，鹽、鮮味劑適量，薑二片。

做法：

(1)豬腳去甲和毛。洗淨切塊放入薑片。

(2)紅棗去核、花生洗淨，請勿把花生紅衣去掉。

(3)將十—十二碗水煮開，放入所有材料。用大火煮十分鐘，再轉小火煮三小時，或是用大火煮十分鐘再用小火燉煮八小時，加入鹽及雞精調味後即可食用。

本方中花生養血止血、養顏美容，又可治療貧血及臉色萎黃、皮膚乾燥等；紅棗補氣養血，療氣血不足，使臉色紅潤；豬腳補血通乳養顏，古醫書記載豬蹄能滑潤肌膚，暢通乳脈，有極佳的除皺作用。

此湯對於乳房發育不良，面黃肌瘦的女孩子，以及產後乳汁不足的婦女，均有很好的

療效。

13. 黃芪蝦仁湯

材料：黃芪三十克，蝦仁一〇〇克，當歸十五克，桔梗六克，枸杞子十五克，准山三十克。

作法：將當歸、黃芪、桔梗洗淨，放入鍋中；准山去皮，切塊，也放入鍋中，加清水適量，上文火煎湯，去渣，再加入蝦仁同煎十五分鐘即成。湯鮮，略有中草藥味。可食蝦喝湯。具有調補氣血作用。適用於氣血弱虛所致乳房乾癟。

14. 豬尾鳳爪香菇湯

材料：豬尾二支、鳳爪三支、香菇三朵、水六碗、鹽少許。

作法：

(1)香菇泡軟、切半，鳳爪對切，備用。

(2)豬尾切塊並汆燙。

(3)將材料一起放入水中，並用大火煮滾再轉小火，約熬一小時，再加入少許鹽即可。

豬尾和鳳爪皆含豐富的膠質，對豐胸很有助益，如果只喝湯，也很不錯喲！

15.花生鹵豬蹄

材料：花生四兩、豬蹄一支、水五碗、鹽適量。

作法：

(1)將花生洗淨，備用。

(2)豬蹄切半併入水氽燙，再撈起洗淨，備用。

(3)將以上材料一起放入水中，以大火煮開，再轉小火燉一小時。

(4)後加入適量的鹽即

可。

花生脂肪含量高，豬蹄富含膠質，皆有促進胸部發育的效果，不妨可以三天吃一次試試看！

ul breast

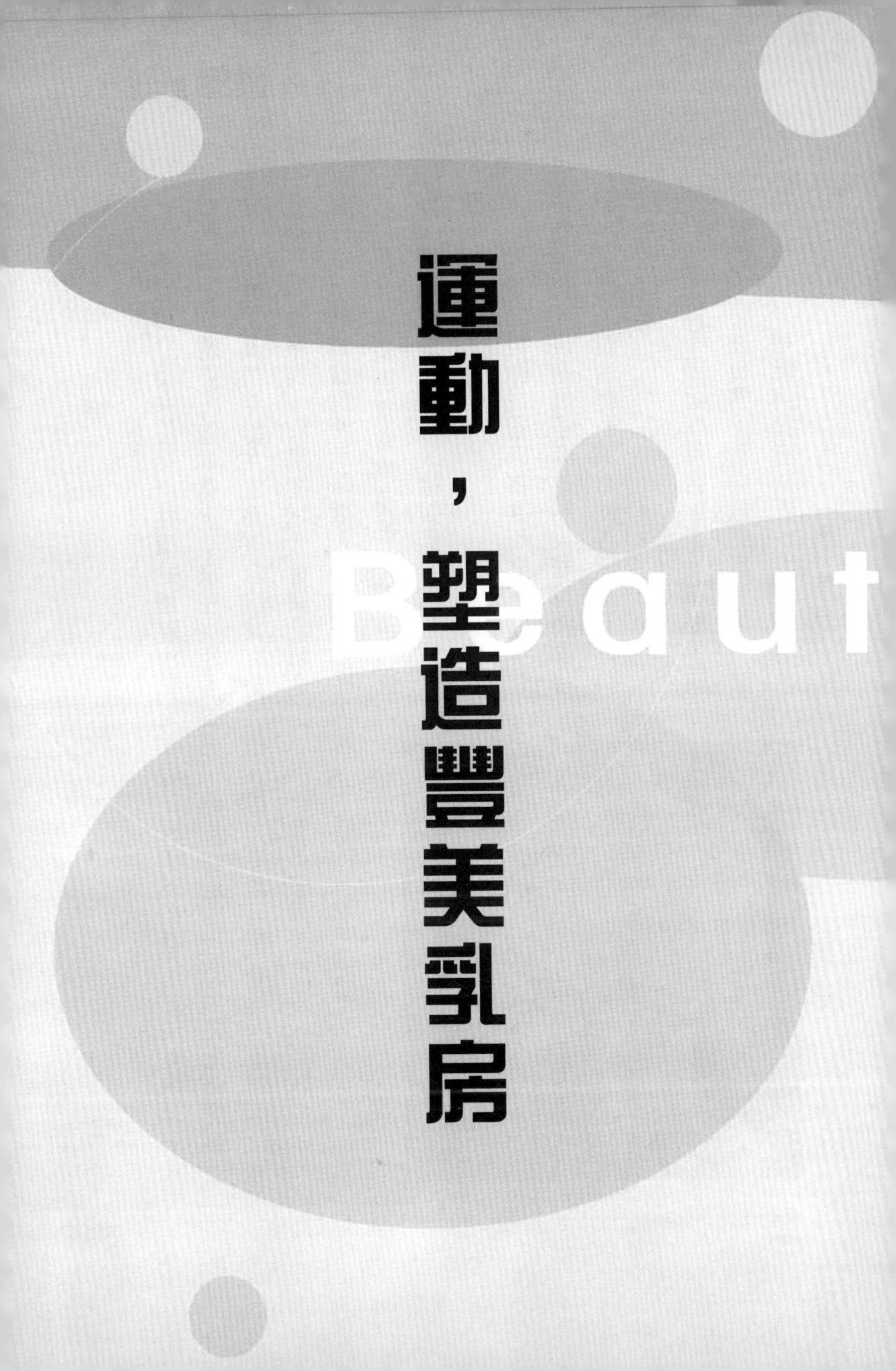

運動，塑造豐美乳房

Beaut

乳房發育是女性第二性徵的體現，更是女性曲線美的象徵。由於乳房傲居人體最顯眼的地方，也就奠定了它在女性曲線美中舉足輕重的地方，從這個意義上講，女性尤其是年輕女性渴望自己擁有健美的乳房，是無可厚非的。運動可以使乳房下胸肌增長，胸肌的增大會使乳房突出，所以看起來胸部豐滿、尖挺。你，有沒有足夠的自信展示你傲人的身材、挺拔動人的曲線，與春爭俏？

你耳邊是否常常飄蕩著「做女人挺好、風景這邊獨好」，諸如此類寓意深遠貼切的話嗎？

青春之倩影從遠方款款而來，你身著美麗裙衫，以婀娜多姿的動人體態與春共舞，為此，是否有一點點動心想更美更挺嗎？

如果你不願選擇隆胸手術，那麼，快快行動吧。在日常生活中做胸部運動，堅持不懈，一樣能夠挺立於春，與之爭俏！

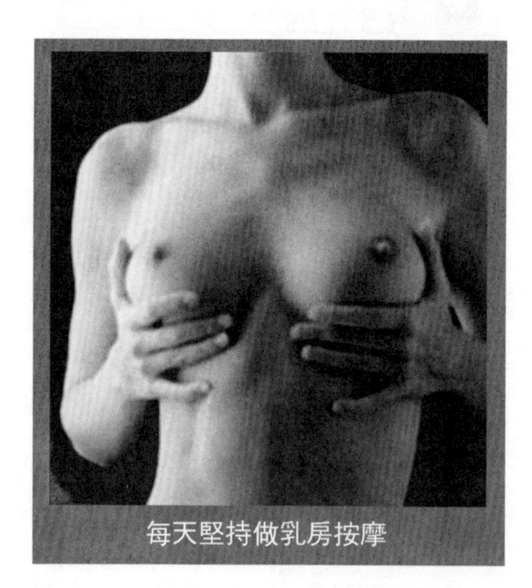
每天堅持做乳房按摩

一、豐胸的基本運動

1. 擴胸運動

兩臂向後振，做伸展及擴胸的運動，每天反覆十～二十次，甚至更多。可鍛鍊胸部肌肉，亦可防止乳房下垂。

2. 張臂運動

頭向前，身體伸直，然後雙手握掌，手臂擺於胸前，雙腳張開，雙臂分別左右展開，肌肉同時用力。

3. 摸背運動

以單手儘量往後背摸，維持約十秒，再左右交臂重複動作五～十分鐘。

彈性。

4. 挺胸運動

雙肩後拉，胸部有節奏前傾，反覆數次。可有效增進胸肌緊實度，保持胸肌彈性。

5. 胸前合掌運動

雙手向胸前合掌，力量集中在手掌，然後用力推壓。或者，將合掌之手臂伸直向上抬到頭頂上方，再緩慢向下放回胸前位置，動作十～二十次。每日重複五～八次左右。

6. 交叉伸手運動

左手抓住右手手臂，再伸直

向外用力推，持續數秒放鬆，重複動作五～六分鐘。換手重複。

7. 呼吸動作

雙腿微屈坐在地面，再以雙手按著腿膝蓋內側吸氣，呼氣時就將膝蓋向外拉開五～十秒。透過深呼吸，使肺部儘量舒張，增加肺活量，胸肌也得到了鍛鍊。

8. 提肩轉體運動

坐在椅子上，提肩並向左右轉體，重複十～二十次。

9. 手臂平舉運動

將雙臂交叉和肩膀齊平，再把手臂往上抬至額頭處再放下，重複二十次。可提高乳房，防止乳房下垂。

10. 手掌互壓運動

將雙臂舉高和肩膀平行，雙掌的尖觸碰成三角形，用力將雙掌合併後互推，打開再合併，重複二十次。

11. 左右臂開合運動

雙腳與肩同寬站立，握拳，左右手臂合併，再將雙手臂往左右臂左右打開再合併，重複二十次。可製造迷人乳溝。

12. 俯臥撐運動

每日堅持，根據體力，逐漸增加次數。

13. 用小啞鈴做胸部體操

手持啞鈴，雙臂前上屈至肩，用力繃緊胸、臂肌肉，停頓數秒再放下，反覆練習。這是一種較理想的方法。

14. 游 泳

游泳運動除了對肺部和身體健美有益之外，對乳房的發育及健美最有幫助，尤其是「蝶式」和「自由式」。這兩種泳姿最易使胸部的筋肉強韌，使乳房增加豐滿程度。

二、豐胸體操

豐胸體操動作簡單實用，其重點在於鍛鍊胸部肌肉，提高乳房支撐力，進而促進血液循環，加強胸部皮膚的彈性，讓女性擁有完美迷人的上圍曲線！

游 泳

1. 擴胸操

鍛鍊胸肌，上托雙乳。

⑴背部伸直並且抬頭挺胸，雙手合十至於胸前，這時必須徹底撐開肘部，並注意不要擺動雙肩。

⑵保持讓胸部用力的狀況，同時在手心上用力；相互推壓般緩慢地向左右移動。當手到達中心位置時，進行吸氣，左右交互動作十至二十次。動作重點是胸部用力而不是手臂，全身挺直。

2. 壓掌操

可以集中雙乳，製造迷人乳溝。

⑴伸直背脊，抬頭挺胸，撐開雙肘，雙手合十至於胸前，吸氣。

⑵一面吐氣，一面將手臂向前伸直，使勁按壓掌心。胸部用力，緩慢進行十～二十次左右。

3. 抬肘操

托高胸部，使乳房結實、挺拔。

(1)曲肘，下手臂重疊在胸前成「口」字型。

(2)由上臂帶動，緩慢向上提高到額頭前面，然後再下放回到原來的預備位置，上下來回相互進行十～二十次。

4. 拍打操

促進血液循環，推脂，塑漂亮胸形。

(1)雙手交替著由下往上對乳房的下側，外下側做拍、托的動作。

(2)拍打以拍出聲響為主，並拍打至肌肉微紅。

(3)然後再換另一側做相同的動作即可。

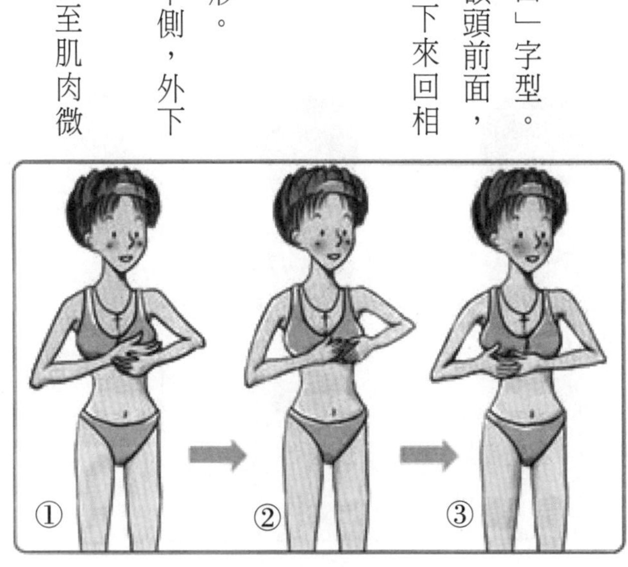

拍打操

5. 合十操

集中、托高胸部。

(1)雙手合十，手臂呈水平狀放於胸前。手臂與手掌呈垂直狀態。

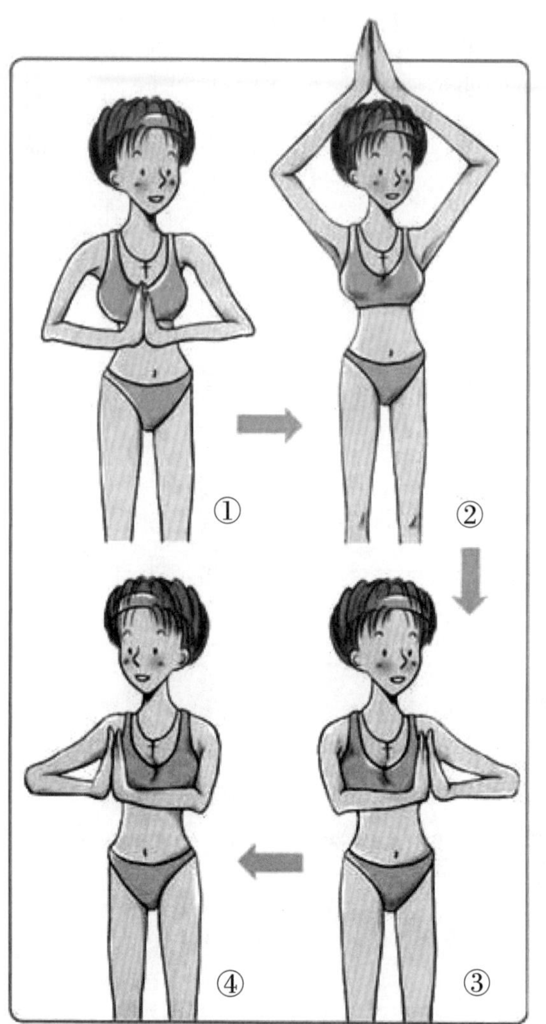

合十操

(2)手臂慢慢伸向頭頂，再慢慢落回到胸前。注意保持直線運動。

(3)手臂慢慢向左、右做平移運動。

(4)持續不斷地重複著向上、下、左、右的移動，做五分鐘。

6. 按摩操

使胸部集中，顯現性感乳溝。

(1)一隻手放於頭後。

(2)另一隻手由內向外圍繞胸部做按摩，覺得肌膚微熱後，換手再做另一側。

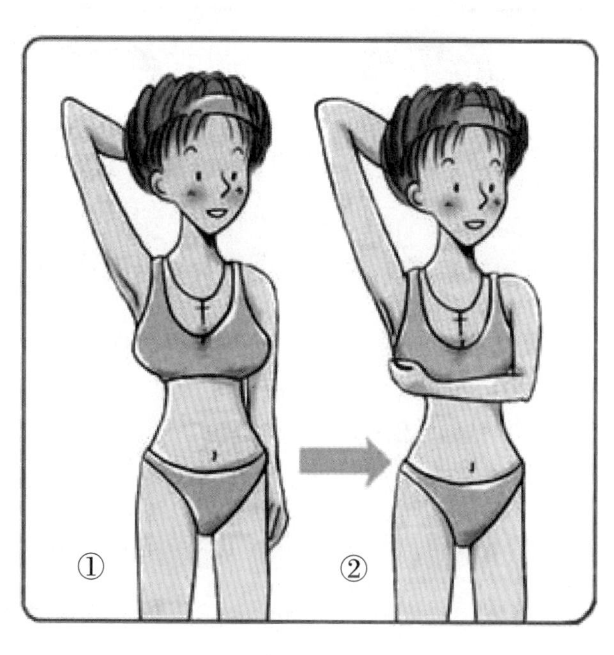

按摩操

7. 碰肘操

令乳房堅實、集中。

⑴握拳，大臂與肩平行，小臂與大臂垂直。

⑵保持上述姿勢，雙手慢慢向胸部收攏，讓兩肘相碰，重複這種練習十次以上。

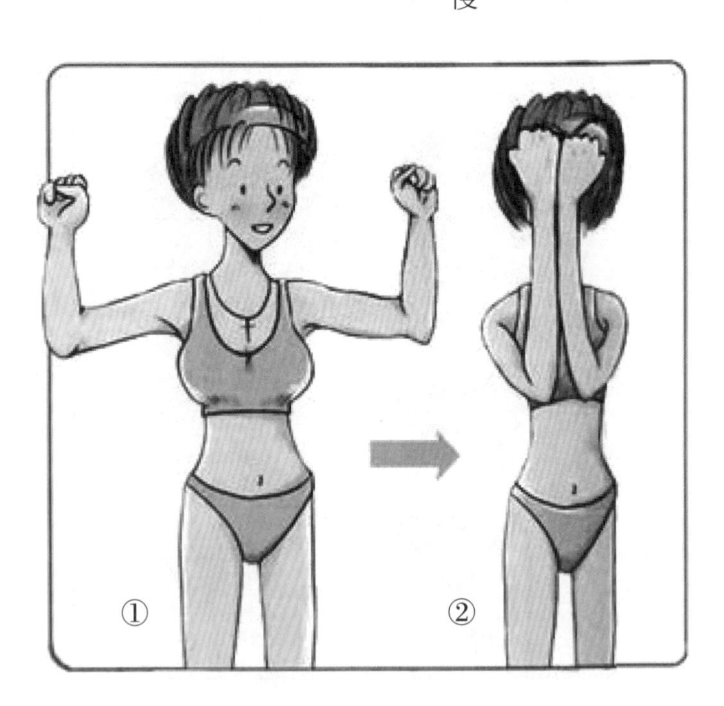

碰肘操

ul breast

藥物、器械相輔，

嬌胸挺起來

Beaut

一、藥物豐胸

女性在選擇豐胸藥物時，不可盲目聽信廣告的宣傳。自己對產品要有一個比較全面的瞭解，然後進行多方比較，做到心中有數，才能根據自身的生理特點、經濟能力來選擇適合你的藥物。

1. 藥物豐胸的原理

藥物豐胸就是利用藥物的作用刺激乳房生長，達到胸部豐滿的目的。

(1) 內服豐乳藥的原理

促進雌激素荷爾蒙分泌，促進乳腺導管發育和增生飽滿，使胸部豐滿增大，還可活血化瘀，促進彈性纖維和膠原蛋白生成，加強軟組織張力。

(2) 外用豐胸藥物的原理

經由精油和乳膏按摩，使胸部組織充分吸收和利用營養物質，有效加速胸部血液循環，激發細胞生長活性，促進乳腺管增生、飽滿，加速胸部脂肪合成，促進結締組織貝氏韌帶張力，使乳房迅速增大，豐滿，同時有力上挺，促進彈性纖維和膠原蛋白生成，幫助回復乳房緊張和彈性，使肌膚幼滑，滋潤。

2.豐胸藥物的種類

⑴內服豐胸藥

從純天然植物中提取的豐乳產品，能平衡女性荷爾蒙，從而刺激乳腺發育，促使局部乳房組織增多，乳房增大。

⑵外用豐胸藥

①中草藥豐胸：以中醫理論為基礎，從中草藥中提取原料的草藥油，在使用過程中配合按摩與輕拍，幫助藥物吸收，使胸部皮膚的張力與彈性增強，使胸部堅挺，結實，抗耐力。

②海藻美胸：利用含有海藻，薄荷精油、檸檬油和甘油的提升健胸咖喱輕輕按

摩乳房至皮膚吸收，不僅可以收緊並提升胸部，還可以平衡荷爾蒙，增強循環，刺激乳腺，令胸部更豐滿誘人。

③精油豐胸：精油由兩種途徑作用於人體：一條途徑是由鼻腔傳入大腦，刺激腦垂體反射性作用，使肌膚緊實且具有彈力，滋潤，光滑，令胸部脂肪細胞生長；另一條途徑是由皮膚傳入體內，可使胸部肌膚呈現緊密，結實，增加真皮層結締組織的彈力和膠原組織密度，增加胸部的彈性線條。

④綠色雌激素：來自豆科植物的一種特殊成分——異黃酮，其分子結構與雌激素十分相似，被稱為「植物雌激素」，沒有副作用，使用起來十分安全。

⑤美乳化妝品：美乳化妝品是指以女性乳房健美為使用目的的皮膚用化妝品，我國衛生部將它列為特殊用途化妝品，使用美乳化妝品是一種較為安全、簡便、實用的美乳方法，它的主要目的是豐滿乳房或改變乳暈的顏色等等。

美乳化妝品一般由膏體基質、營養成分及美乳添加劑組成。

膏體基質中含有油分、水分及保濕劑。可以保護、滋潤乳房皮膚，保持局部皮膚柔軟，細膩。

營養成分中含有水解蛋清、各種氨基酸、維生素及一些營養性油脂，能及時為乳房發育提供所需的養分，增加脂肪量，大多數產品中添加了光澤成分，能暫時地讓肌膚表面豐盈、妖嫩，產生令人引以為豪的視覺效果。

皮膚專家建議豐胸霜應含有抗氧化成分如大豆、綠茶、維生素E、維生素C、維生素A或α，β氫氧根酸，它們能促進皮膚新陳代謝，讓胸部肌肉煥然一新。

常用的美乳添加劑主要有三大類：生化製劑、植物有效成分和激素。植物的有效成分有丹參、紅花、元胡、赤勺、鬱金等。在生物技術飛速發展的今天，膠原蛋白、果酸、海藻多糖、胎盤提取物、蜂王漿、血清等生化劑量也開始應用於美乳產品中。為了更好的將有效成分輸送到皮膚內，配方中還要加入一些助滲劑，如氯酮等。

美乳添加劑的作用是激發腦垂體及性腺的分泌功能，從而提高體內激素水準，促進乳房發育，防止乳房鬆弛下垂，使其

豐滿。

3. 藥物豐胸的優缺點

選擇正確的豐胸藥物，效果好，安全無副作用，使用時只需輕輕按摩，在不傷害、不刺激的原則下，使乳房自然、溫和地得到生長發育。

若不慎使用低劣、偽冒產品，可出現較大的副作用，引起臟器損壞，停藥後容易反彈，甚至比以前效果還差。

即使是比較安全的「植物雌激素」，也不可長期使用，以免引起身體的不良反應，得不償失。

4. 豐胸的基礎藥物與中藥

(1) 泰國野葛根

根據現在市場上多數豐胸藥物介紹，均含有一種豆科植物——野葛根。在泰國北部有一個叫孟族的少數民族，孟族婦女的胸部豐滿，體態美妙，膚色白皙，健康長壽，平均胸圍比其他地方的婦女大八公分，後發現這與她們長期食用野生的野葛根有關。

二十世紀九〇年代末，泰國生物學家經過研究終於發現，在泰國野葛根的塊根中含有去氧微雌醇，其含量和活性在所有植物中是最高的。其中異黃酮的活性比一般黃豆類製品中的異黃酮高一百～一千倍，具有明顯類似人體雌激素的效果，被科學家們稱為「綠色的雌激素補充劑」。它能促進女性乳房的堅挺和增大，被公認為是世界領先的天然豐胸美乳產品。

⑵豐胸中藥

配方一：鹿茸，白芷，蜂蜜，當歸，川木通，黃耆。作用：鹿茸、川木通具有增進乳腺活性作用；當歸、黃耆與白芷可改善虛弱體質，促進氣血循環，有助於胸部發育。適合青春期少女使用。

配方二：青木瓜，糙米胚芽粉。青木瓜有促進乳腺活性作用；糙米胚芽粉含有多元不飽和脂肪酸，對豐胸有輔助作用。

配方三：黨參，山藥，葛根萃取粉，當歸。葛根屬於豆科的傳統中草藥，含有類似女性荷爾蒙的異黃酮，對於女性生理平衡與促進循環代謝有幫助。黨參與當歸主要是作為滋補身體功能。

配方四：刺五加，白果仁，枸杞子，葛野根萃取物，仙鶴草，天花粉。葛根萃取物中的異黃酮可發揮調節女性荷爾蒙作用。刺五加、白果仁、天花粉等中藥對於暢通氣血有效果。

配方五：酪梨油，山藥萃取物，黃豆胚芽萃取物，蜂王乳，膠原蛋白，彈性蛋白，青木瓜粉。黃豆胚芽與山藥萃取物有類似荷爾蒙的作用；青木瓜可促進乳腺活性；蜂王乳、膠原蛋白等可用於女性滋補。

5.豐胸藥物的選擇

美乳化妝品生產已有幾十年的歷史，目前國內市場上的美乳產品以膏體為主要劑型，也有凝膠或噴霧劑。它可以在配方中添加親脂及親水性營養和美乳添加劑，配合按摩，對局部皮膚滋潤效果明顯。

在選購美乳化妝品時，最好在正規的商店、藥店購買，並且要索發票；同時要注意其包裝上有無衛生局特殊用途化妝品生產標誌；選擇大的生產廠家的產品，注意產品的使用期效。

不要選擇「三無」產品。在使用美乳化妝品前，應仔細閱讀說明書，瞭解產品的性能、使用方法、適應症及禁忌症，嚴格遵守產品使用規則。並且在手臂內側做過敏試驗，以確定有無藥物過敏，確定其安全性，以免產生副作用。

當前，一些媒體上的醫藥廣告可以用鋪天蓋地來形容，這些廣告誇大其辭，肆意炒作，花樣不斷翻新，具有很強的誘惑力，誤導消費者。一些虛假的廣告，拿一篇所謂的科普文章，擺出一副講科學的架勢對消費者循循善誘，模糊你的思路，使你放鬆警惕，最後請君入甕。

由於這類宣傳不屬廣告範疇，發佈前無需審查，其內容誇大，不實，更具欺騙性。消費者對這類宣傳的信任程度

遠遠大於廣告。所以，消費者要提高法律意識和識別能力，採取相應的自我保護措施，從而避免和減少受騙的風險。

選擇豐胸產品時效果越快越好嗎？業內專家指出，這實際上是對豐胸的一種誤解，誰都希望豐胸產品見效快，但實際上，胸部不可能在一個很短的時間內達到增大不回縮的效果。

豐胸真要做到胸部增大而不回縮，就一定要是從自身發育出發，錯過了發育期的女性想要使自己的胸部再發育，就必須要卵巢功能完善、健康以及胸部受體敏感。因此，一個真正符合人體自然再發育的豐胸產品，一定是從決定女性第二性徵的基礎——卵巢功能調節起，讓女性在身體平衡狀態中促進胸部第二次再發育，在這種調理與促進的再發育中，經歷修復卵巢功能↓促進乳房發育↓胸部豐挺飽滿的整個過程，這個過程就像是從女孩發育到成熟女人，那麼，其過程是一定需要時間的，而經歷了這個過程而發育出來的胸部才能真正自己再次發育的胸部，才是真正不會回縮的美胸。

豐胸產品中有沒有激素？曾經有一些不法商販、美容院為牟取高額利潤，掌握了女性盲目跟風，追求高效，快速豐胸效果的心理，生產、銷售各種名目繁多，五花八門的「美乳霜」、「豐乳霜」。一味的誇大它的療效，縮水併發症，刺激女性購買。

而實際上經有關權威機構測定，這些所謂的豐乳產品中含有大量的雌激素，特別是乙稀雌酚。它是由配方中的一些媒介物質攜帶，穿透皮膚進入乳腺組織而起藥理作用。將它塗抹在乳房上，確實能使乳房有所增大，但效果並不持久，停藥後乳房恢復原樣。尤其是它還會引起色素沉積、月經不調等不良反應。大量濫用雌激素，可能會抑制本身體內的雌激素分泌，結果會弄巧成拙，妨礙了胸部的發育。

濫用激素到底對人體有多大的危害呢？

第一，可引起子宮內膜過度增生，導致月經量增多。

第二，可損害肝臟和胃臟。

第三，如果懷孕期間服用，可造成胎兒畸形。

第四，可使哮喘的發病率明顯上升。

第五，既可使膽汁中膽固醇飽和而形成結石，又可誘發胰腺類和血栓栓塞性疾病。

美國曾對三百多不孕症患者進行調查，經研究發現：她們的母親在十五—二十年前均因治療習慣性流產，曾用過乙稀雌酚「保胎」，從而埋下禍根。結果一出，舉世震驚！

另外，還有一則報導：某醫院兒科曾經接洽了一位二歲幼女，兩側乳房明顯增大，乳暈及小陰唇色素沉著，陰道口有分泌物流出。B超提示子宮增長，化驗表明血液中雌二醇及催乳素水平升高。透過遺傳學檢查，排除了「真陰性早熟」。經多方查找原因，得知患兒有含母親乳頭睡的習慣。孩子的媽媽長期使用豐乳膏，使孩子每日吮入雌激素，誘發了「性早熟」。

還有一則消息：某小姐在一家專賣店購買了一個療程的豐胸產品，使用時有一定效果。為達到「更高」的效果，促銷小姐又勸其追加了一個療程。經過五個月後，此小姐月經來潮時發現月經異常，經期竟長達半個月。而更令她不安的是，月經一來，原來高聳的胸部便縮了回去，遂向當地消委會投訴。後經區消委會調解，該專賣店答應賠償部分經濟損失。該小姐雖然挽回了部分金錢損失，但卻承受了巨大的精神壓力，感覺痛苦不堪。

每位女性都希望擁有非常自然的健康乳房，所以，女性朋友在選擇豐乳的最佳方式時，要理智對待，不要偏聽偏信商家的一面之詞。最好是多採用運動和物理方式，促進胸部纖維再生。

6.市場上常見的豐胸產品

⑴豐韻丹

成分：當歸，茯苓，珍珠粉，大棗，甘草，桂圓，皂武，穿山甲鱗片，路通，含多種氨基酸及微量元素的純天然植物。

特點：平衡女性荷爾蒙，刺激乳腺發育，促使局部乳房組織增多。綠色膠囊能啟動乳腺細胞，去除黃褐斑，對美白肌膚有良好的功效，黃色膠囊起排毒，豐乳作用。

用法：早飯前服用綠色膠囊兩粒，晚飯後服用黃色膠囊兩粒。

(2) ST. HERB 豐胸系列

● ST. HERB 豐胸精華露

成分：野葛根及其他熱帶香草精華。

特點：精華露含有濃縮野葛根精華，可以輕易滲透皮膚。

用法：早，晚各一次。使用於乳房，按摩三—五分鐘直至完全吸收。

● ST. HERB豐胸霜

成分：野葛根及其他熱帶香草精華。

特點：含有高品質的特級野葛根精華，可極好地促進女性乳房堅挺和增大。

用法：早晚使用於每個乳房，並且環形按摩三—五分鐘。

● ST. HERB豐胸膠囊

特點：可以全面改善女性的營養水準，豐胸、美容、保健三合一。

用法：早餐後和睡前各服兩粒。

注意：與高鈣食物和用，效果更佳。勿服用含咖啡因食品或酒精，以保證其效用並利於健康。

鐘。

●ST.HERB豐胸膜

用法：每週使用三—四次。晚上睡前使用，使用於乳房並按摩十—十五分鐘。

●ST.HERB豐胸噴劑

特點：氣味芳香，使用方便，對乳房堅挺和增大具有極好的效果。

用法：每日使用，只在早上使用，噴於乳房區域。

(3)三源美乳霜

由天然植物精華組成，由一支高倍乳腺疏導液，三支美乳霜組成，配合手法按摩，二十一天就有效果。

功效：疏通乳腺導管，加速血液循環，增強乳房細胞組織對豐乳物質的吸收；同時加倍滋潤。營養乳房組織，充盈膨大乳腺細胞、活囊細胞、纖維細胞、脂肪細胞，恢復乳房懸韌帶彈性，豐滿挺拔乳房。

用法：參照產品使用說明書。

(4)精油豐胸

配方：葡萄籽油一〇〇毫升，天竺葵二十滴，玫瑰二十滴，依蘭十滴，香草十滴，佛手柑十滴，充分搖勻即可使用。

使用方法：先用熱毛巾或水蒸氣將乳房皮膚溫熱，取適量按摩油，抹於乳房四周，雙手的推動，避開乳頭位置，以逆、順時針的手法打圈，將精油療效漫漫滲入皮下組織。

注意：不要在溫度過低的屋子裏脫光衣服做此療法，因為在肌膚組織緊張，乳腺不活躍，皮膚毛孔收縮的情況下，療效幾乎很難看到。另外，要注意避開月經期。

特點：精油可說是植物的荷爾蒙，它擁有與人類相同的構成物質及生命能量。精油的分子極細，滲透力高，因此能極為有效地進出身體，而不會留下任何毒素，使用精油可以使人體組織更強壯更具有活力。

(5)海藻豐胸

特點：按摩是使胸部堅挺的好辦法，如果再配合了具有豐胸效果的海藻緊膚護理，美胸效果自然加倍。

護理步驟：

清潔：胸部因不易清洗的緣故，經常會堆積一些老舊角質。必須以輕柔打圈的按摩手法有效祛除胸部角質，徹底清潔胸部肌膚。

胸部按摩：用緊膚植物油在乳房按摩，再結合穴位指壓，徹底放鬆和提升胸部肌肉，促進血液循環，增強胸部肌膚彈性和柔軟度，令胸部線條更加流暢。

海藻敷膜：使用海藻收緊胸膜或海藻滋養體膜，內含豐富的碘、鎂及鈣質，易於肌膚吸收，有效促進新陳代謝，增強胸部肌膚的彈性，韌性，同時具有滋潤美白的作用。

二、器械豐胸

器械豐胸就是利用器械對胸部進行按摩、刺激，促進胸部血液循環，促使乳房增大、結實堅挺。

1.器械豐胸的原理

豐胸的器械有多種，原理也不盡相同。

原理之一：根據生理學原理，透過器械增加胸脯的肌肉運動，促進局部血液循環和直接反射運動，刺激腦下垂體分泌，促進卵巢產生女性激素，直接讓乳房海綿體擴大，使乳房增大。

原理之二：採用模擬神經系統方式的電脈沖刺激，促進卵細胞荷爾蒙生成，當卵細胞荷爾蒙與腦下垂體的促乳素直接發生作用時，海棉體增大，從而乳房逐漸隆起。

原理之三：根據中醫經絡學的原理，使刺激送達下丘腦，腦垂體釋放促性腺激素，直接作用與卵巢，反饋性激活乳腺細胞，使乳房重新發育並不斷增大。

原理之四：將針刺療法與按摩結合起來，直接作用到血液和淋巴系統，脂肪細胞、皮下組織，配合負壓吸引，充分促進局部血液循環加速，暢通淋巴排流，從根本上堅固結締組織和肌肉組織。

2. 器械豐胸的優缺點

器械豐胸不打針、不吃藥、不開刀、無痛苦，據說是醫學上公認的安全、科學的豐胸方法之一。在時尚轉向追求自然，崇尚自然的時代，豐乳器借助輕鬆自然的運動按摩，將女性從危險的豐乳狀況中解脫出來，它使用簡便，能從根本上堅固結締組織和肌肉組織，使效果更加穩定、安全無副作用，讓胸部保持堅挺，美化體態。

器械豐胸也存在一些缺點，攜帶不方便，價格偏高，有些只能由美容師操作，在美容院使用。

3. 器械豐胸的種類、使用方法及作用

⑴運動器械

包括啞鈴、壺鈴和擴胸器等。

訓練方法：

①仰臥於長凳或推板上。

②雙手掌心相對，持啞鈴、壺鈴或擴胸器，雙臂伸直並垂直於地面，握啞鈴時應稍鬆些，以在動作過程中不脫落為原則。

③隨著呼氣，雙臂逐漸屈肘向兩側張開，一直張開到極限為止，使胸大肌充分擴張，整個胸腔完全挺起。再吸氣，持啞鈴舉起，直到最後兩臂伸直，還原成預備姿勢。

作用：堅持鍛鍊可以使乳房下胸肌增長，胸肌的增大會使乳房突出，胸部看起來好像變大了。還可以使胸部變的健康而有彈性。

⑵按摩乳罩

按摩乳罩的內部通常有物理的、電脈沖的或紅外線的按摩裝置，經常穿著，無形中按摩了胸部，促進乳腺再發育。

⑶微電腦豐胸器

根據人體工程學的原理，施以振動磁療等功能，按摩乳房，促進乳房內分泌，使乳房迅速飽滿豐挺。它聚合多項高科技，貼身設計，有多個觸點分佈，對胸部穴位每分鐘磁效應振動按摩達一千次以上。市場上此類型的豐乳器品種最多，夏天可放入內衣文胸，將主機放入胸罩中下方或左右方，調整其舒適度即可。按啟開關，磁效應高頻震盪震動按摩器開始工作。每天啟動二—三次，每次七—十分鐘，可適當延長至十五分鐘。

⑷SPM負壓健胸器

此療法將針刺療法與按摩結合起來，作用到血液和淋巴系統、脂肪細胞、皮下組織。皮膚在負壓條件下部分被吸入透明活塞，脂肪細胞被擠壓，細胞膜通透性增強，同時活塞在皮膚上運動使淋巴受到擠壓，淋巴循環加速，從根本上堅固結締組織和肌肉組織，使效果更加穩定，安全，無副作用，定期使用有助預防乳癌，這類儀器只適用於美容院使用，價格偏高。

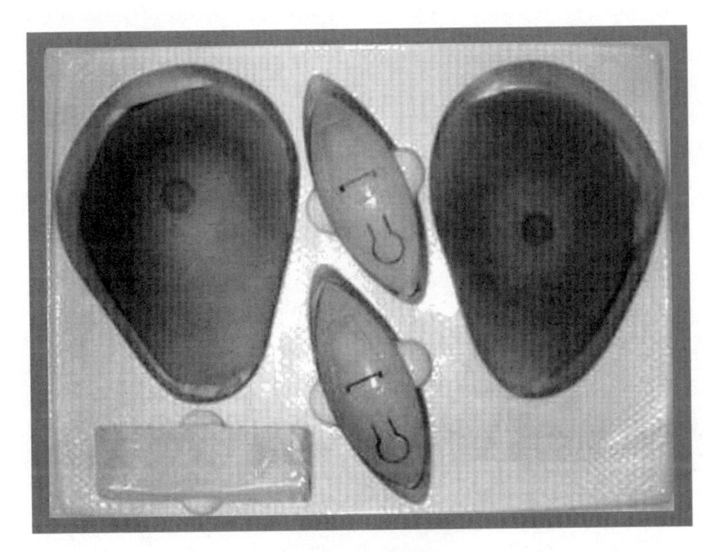

微電腦豐胸器

ul breast

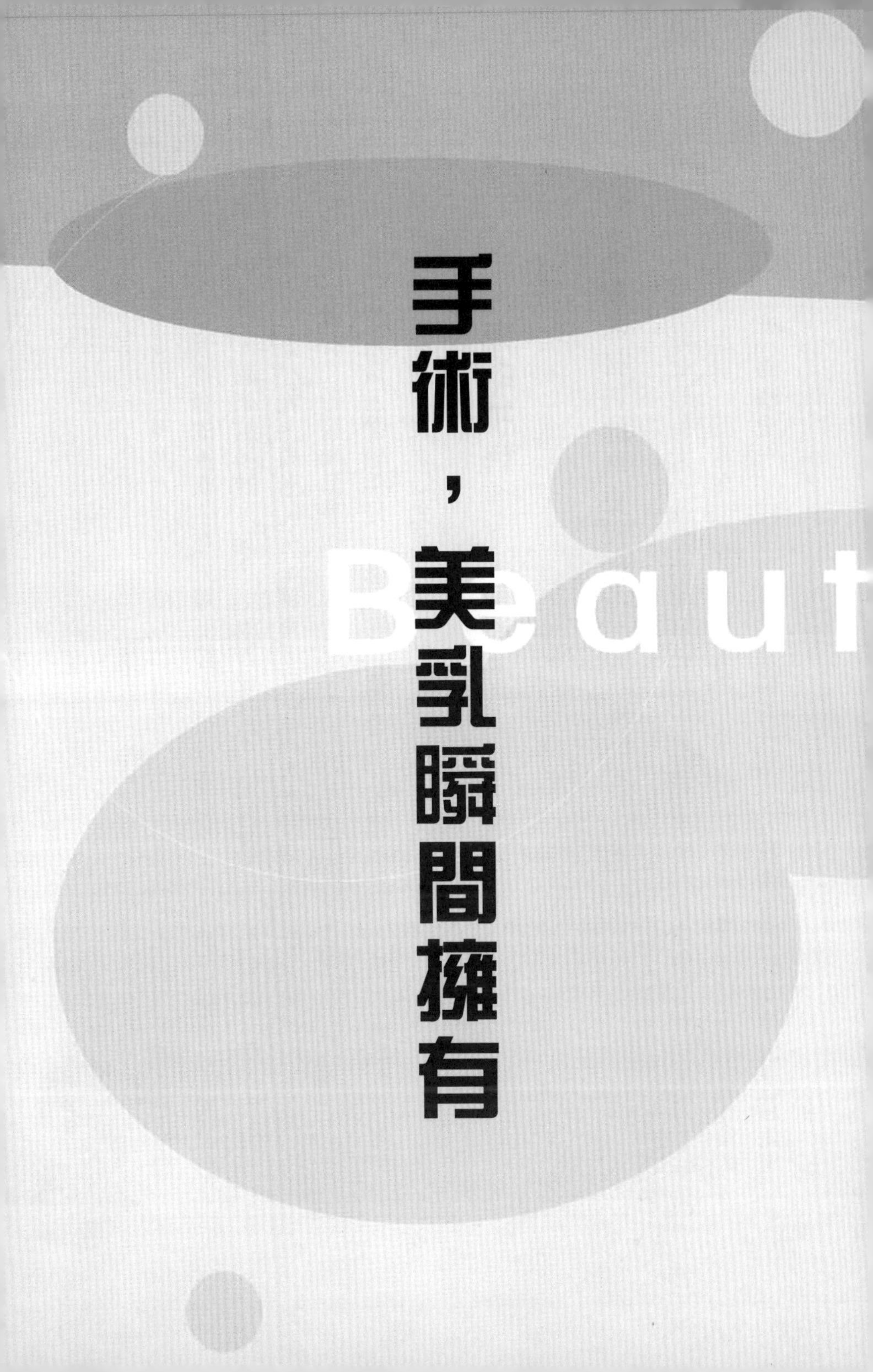
手術，美乳瞬間擁有
Beaut

由於各種原因導致女性乳房畸形和胸部平坦現象是比較普遍的，這些女性們由於缺少女性特有的線條，在人際交往和日常生活和工作中缺乏自信心，嚴重影響生活品質，越來越多的人有希望改善或修復這個缺陷。手術豐胸是用外科手術的方法對各類小乳、畸形乳房、發育不良的乳房進行擴大治療，使有乳房缺陷的女性成功擁有一對豐滿漂亮的乳房。手術豐胸的方法在醫學上稱隆乳。

隆乳術是透過醫學手段，將生物組織或生物組織代用品，植入乳房內，並控制及塑造其外觀，從而達到乳房豐滿健美的目的。

一、隆乳材料

1.隆乳材料的歷史回顧

回眸百餘年隆胸史，從側面可以反映出在醫學家及材料學家的共同努力下醫學的進步，從另一個側面也記載著為求美而隆胸、為這一追求而付出沉重代價的女性的一部「辛酸史」。在這裏需要強調的一點是，我國傳統的女性乳房意識，也是以讚美豐滿的乳房為主，儘管歷史上也曾有過女子束胸的時期，但這絕不是國人關於女性乳房意識的主流，而只是一種偏差。故女性同樣也接受了隆胸這一種美乳的手段。特別是隨著社會的開放，越來越多的女性認同並接受了這種手術。當然隆胸給女性帶來了歡樂與自信，同樣不可避免地也帶來痛苦與不幸。

從醫學的角度來說，隆胸術本身不屬於高難複雜的手術，而隆胸術的發展與進步，歸根結底是隆胸材料的進步與發展。

隆胸術最早始於美國，一八八九年，Gersuny 用液體石蠟直接由注射的方法注入乳房內隆胸，並進行了報導。在此以後用注射器將消毒的液體石蠟直接注射隆胸的方法曾十分盛行，許多醫生為獲得滿意效果而不斷改進注射方法及工具，甚至一九一一年 KOLLE 還研製出加熱石蠟注射器。

二十世紀三〇年代，這種隆胸方法達到登峰造極。但隨後大部分受術者，出現了嚴重的併發症。如乳房內的硬結、腫塊、炎性反應，石蠟在體表向下擴散，擴散後乳房外形不良，以及石蠟栓塞導致失明或死亡，有確鑿的證據證明還誘發乳腺癌的發生。以上併發症發生後，治療上非常棘手，大部分只能行乳腺的切除術，以防晚期更嚴重的併發症，液體石蠟注射隆胸也被明令禁止。

遺憾的是，筆者在二十世紀九〇年代初居然還診治了一例液體石蠟隆胸後嚴重併發症的患者。這位東北的女性，在當地某家美容院注射「人造脂肪」隆胸後，就出現了乳房腫痛、週期性的寒戰交替、腹壁硬結等併發症，經過調查，美容院承認所謂的「人造脂肪」實際就是液體石蠟。最後這位不幸的女性，只能接受了滿布「石蠟瘤」的乳腺切除，及腹壁「石蠟瘤」的清理，可以說是失去了自己的乳房。

二十世紀四〇年代後，在曰本和美國，有人用蠟和蜂蜜的混合物以及液態矽膠注入乳房內隆胸，由於注射隆胸操作簡單，尤其是液態矽膠隆乳很不幸地為一般醫生，甚至是非醫療人員廣為採用，與液體石蠟一樣，引起諸多嚴重併發症，注射極易擴散甚至引起死亡，於是這種方法也被取締。近年來有人開始應用牛膠原、明膠基質等隆胸，但大多數月後被吸收，應用受到限制。

GZERNY於一八九五年切取脂肪瘤移植隆胸，未獲成功，但這開創了自體組織隆胸之先河，人們不斷探索用安全、無排異反應的自體組織隆胸的方法，並進行了各種嘗試，如真皮脂肪瓣帶蒂移植隆胸術、背擴肌真皮瓣帶蒂移植隆胸術、臀大肌瓣游離移植隆胸術等。但由於提供移植組織區域遺留明顯瘢痕，再加以移植物形態難以控制，隆胸後乳房形態不夠標準，且組織成活後部分纖維化，產生硬塊或硬結，故大多數人難以接受這種方法。

在自體組織移植隆胸的方法中，值得一提的是自體脂肪游離移植隆胸，這種方法就是將身體某些部位，如腹部、臀部、大腿等處的脂肪組織，利用機械或注射器抽取出來，經過清洗，獲得相對純淨的脂肪顆粒，隨後將其注入乳房內取得豐乳的效果。這種方法在二十世紀八〇年代的美國盛行。但隨著時間的推移，其弊病也逐漸顯露出來。

首先是吸收問題，因為注入乳房內的脂肪顆粒不能百分之百地建立起血液循環而成活，大概有百分之四十～六十的脂肪顆粒被吸收和纖維化，故隆胸效果不持久，而形成的纖維硬結，不同程度地影響了乳腺癌的普查工作，故在美國，這種方式的隆胸基本被棄用。但作為隆胸的一種方法，目前在我國的一些醫療單位仍在應用。

一九五一年，PANGMAN第一次使用人工海綿植入隆胸，海綿假體植入隆胸是使用聚已烯醇海綿，先將海綿雕刻成所需的形狀和大小，置入乳腺下分離的腔隙中，達到隆胸的目的。但術後大量纖維組織長入海綿間隙中，使乳房變硬、縮小和變形，甚至形成瘻管，因此該隆胸術現在已經棄用。

一九六三年，GRONIN用儲有矽（硅）膠液的矽膠囊假體隆胸，取得了良好的效果，並促進了隆胸術在世界各地的普及。七〇年代後，在美國出現了可調節體積的充注式矽膠囊假體。我國於一九八一年開始使用國產矽膠假體施行隆胸，效果也能令人滿意。

至於手術切口和假體植入部位及大小，可根據職業、主觀要求和局部條件酌情選擇，儘管假體中的物質也引起了多方面的爭議，但在目前情況下，仍是較為安全的隆胸方法，因為不管怎麼樣，最後還是可將假體完整地取出。當然假體隆胸也有其併發症，如血腫、纖維包膜囊攣縮的乳房發硬等，但發生幾率相對較少。

近年來，假體內儲物質，也有很大進步，從原來單純的矽凝膠，發展到了聚凝膠、水凝膠、植物油等，使假體隆胸的安全性進一步提高。現今假體隆胸在世界各國仍是最主要的隆乳方法。

前面已提到，隆胸術的發展與進步，實際上是隆乳材料的發展與進步，人們期待著生物學家及材料科學家研製出有效、安全、無毒、持久的組織代用品，造福於女性。值得注意的是，近幾年有許多單位應用經國家批准使用從烏克蘭引進的「親水性聚丙酰烯胺水凝膠」注射隆胸，這是歷史的輪迴還是科技的進步？當然，我們期望為後者。

2. 隆乳材料的現狀

目前，常用的隆乳填充材料分為三類，一類為成形的乳房假體；一類為不成形的注入材料（包括自體顆粒脂肪組織和親水性聚丙烯酰胺水凝膠）；還有一類是自體肌肉及複合組織。目前常用於隆乳術的是前兩類，而自體肌肉及複合組織由於手術創傷較大，操做複雜，有時還需採用顯微外科技術進行神經、血管吻合，因此，需要有一定的臨床經驗和顯微外科技術的醫生才能手術。而且由於隆乳的組織來源量不足，所形成的乳房外形、手感有時不甚滿意，術後身體其他部位遺留瘢痕等原因，目前除在乳房再造中採用外，在隆乳術中很少應用。現將前兩種材料詳細介紹如下：

(1)乳房假體

所謂乳房假體，是以醫用固體矽膠為外膜，其內容物分別為：液態矽膠、矽凝膠、水凝膠及生理鹽水等。乳房假體製成後因其內液體的流動性，術後手感好。假體可設計成單膜、雙層膜囊或囊內分隔成多腔，亦可設計成空囊帶導管連接注射壺的充注式假體，它具有手術切口小的優點。這些假體可製成各種形狀、大小以供選用，而形態、大小要根據受術者年齡、身高、胸部形態、胖瘦程度以及受術者的要求來選擇合適的型號。假體的外觀一般為半球狀。

矽膠及矽凝膠假體從七〇年代起，已廣泛應用於美容性隆乳。是目前公認為比較理想的隆乳假體代用品，其優點為：

①有良好的組織相容性，無致癌、致畸、致突變的作用。

②適應溫度廣。

③機械性能：彈性回縮力、抗撕力、硬度等均較滿意。

④耐化學性能：機體內埋置的矽膠假體，在與體液及各種陰陽離子和有機物質的長期接觸過程中，能保持原來的彈性及柔軟度，不變硬、不變脆，不被腐蝕、代謝、吸收和降解。

⑤易加工成型，使用方便。

乳房假體的種類分以下幾種：

①光面矽凝膠假體

醫用矽凝膠通常是高純度的二甲基矽氧烷的特殊多聚體。假體的外殼是由彈性矽凝膠製成的橡膠狀膜，這種彈性矽凝膠由完全聚合的矽凝膠與非結晶的二氧化矽填充劑組成，並增加了強度。

最初假體的外殼是表面光滑的矽橡膠，用來包裹矽凝膠，在最初的幾年裏因考慮到假體需黏附於組織上以防止假體移位，於是在假體背面設計了諸如 Dacron 網、矽膠縫線環、有孔的矽膠條等裝置，以達到固定的目的，隨後又發現這些裝置沒有必要，實際上還降低最終的隆乳效果，這種假體於二十世紀七〇年代早期便消失了。由於包膜攣縮發生率較高，促使假體廠家不斷改進了假體的製作工藝，使假體壁更薄、凝膠黏性更小，二十世紀七〇年代末至八〇年代初這種假體更柔軟、更自然，但包膜攣縮的問題仍存在。

包膜攣縮是人體對外來物質的防禦反應，即乳房假體植入後，人體會在乳房假體周圍形成一層薄薄的纖

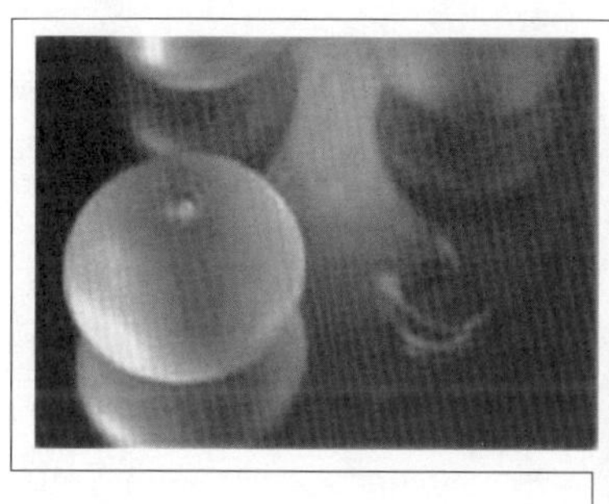

維組織膜，這樣可以使隆胸更安全，即使乳房假體破裂，假體內容物也不會流失，但該包膜的纖維組織在術後三～六月內會收縮，使纖維組織形成的包膜囊縮小，而在其內的乳房假體被緊緊地包裹，因此手感變硬，這就是包膜攣縮。

②光面鹽水假體

二十世紀七〇年代早期出現了單腔充注式鹽水假體，鹽水假體的產生主要是擔心矽凝膠可能對身體造成影響，包括免疫性結締組織病或可能的致癌性。

鹽水假體具有理化性質穩定、無毒，與人體組織液一致的優點。作為正常人體的體液組成部分，生理鹽水的滲漏不會引起人體的病變。

充注式鹽水假體有切口較小，能在術中決定乳房體積等優點，後來許多學者進行臨床回顧性研究還發現充注式鹽水假體與矽凝膠假體相比包膜攣縮率較低，許多學者的實驗也支持矽凝膠滲漏與包膜攣縮形成有關。充注式鹽水假體缺點為有液體感，易滲漏，可能會觸摸到假體的折痕和注水閥；如果胸壁薄還可能會有流水感，假體與乳腺組織質地相差甚遠，故相對矽凝膠假體而言形態及手感欠佳。現在許多醫生不願使用這種假體，主要還是因為有嚴重的滲漏問題，雙腔假體也是這樣。基於上述原因，矽凝膠假體一直更受歡迎。

③聚氨酯假體

一九七〇年，A shley報導了一種新的假體——聚氨酯假體（polyurethane－coveredimplants, PCI），即在矽凝膠假體外殼塗聚氨酯泡沫膠。最初的目的是為了防止矽凝膠滲漏和作為固定層，後來隨著工藝技術的改進，許多臨床研究者認為該假體無論是用於隆乳術和乳房再造術都能降低包膜攣縮。

聚氨酯假體剛出現時曾因為人體對聚氨酯的生理反應而遭到強烈的反對。在二十世紀八〇年代，關於聚氨酯假體的爭論更多的是關於它的組織反應可能會引起包膜攣縮，它的組織反應比其他假體的更為嚴重。

Hester等經過五年的臨床實踐，指出聚氨酯假體可降低但不能完全消除包膜攣縮，這種假體的缺點是假體置入時更困難，在置入過程中聚氨酯塗層脆弱，很容易從矽凝膠外殼上脫離。有報導聚氨酯假體置入術可導致慢性疼痛和慢性肉芽腫，後來臨床逐漸不再應用。

一九九一年，美國食品藥品管理署（Food & Drug Administration, FDA）正式禁止臨床上使用聚氨酯假體，因為聚氨酯可降解為一種致癌物質（2-甲苯二胺）而懷疑它有潛在的致癌性。但因其能明顯抑制攣縮發生率，故動物實驗仍在進行。關於聚氨酯假體可阻止或延緩包膜攣縮的發生，有兩種為大多數人所接受的理論：一是聚氨酯塗層阻礙干擾了膠原纖維並行排列的形式，而成隨機排列的形式；二是聚氨酯塗層可阻止矽凝膠滲漏，避免包膜攣縮。

④織紋面假體

對ＰＣＩ的懷疑導致了對假體表面結構的進一步研究，於是出現了織紋面假體（tixturedsurfacesim plant），包括Biocell假體、ＭＳＩ假體和Siltex假體。

三種織紋面假體外殼略有不同，ＭＳＩ假體（Dowcorning公司生產）是用雷射技術在矽凝膠外殼上形成許多遍佈假體外殼的細小密集規則的矽膠棒。

Siltex假體（Mentor公司生產）矽凝膠外殼呈遍佈假體外殼的細小泡沫狀。

Biocell假體（McGhan公司生產）矽凝膠外殼透過脫鹽技術形成具有吸附性的多孔狀織紋面。

大量的研究已證實織紋面假體較光面假體更能延遲或降低包膜攣縮。織紋面假體為何較光面假體的包膜攣縮率低呢?織紋面使膠原排列更不規則。假體表面結構改變了宿主接觸面，所以，膠原纖維的沉積也就高低不平，這樣導致了包膜更薄、更曲折柔軟、更有彈性、更不易收縮。

⑤其他實驗階段的假體

A.有機聚合物類填充材料

甘油三酯可調性假體（Trilucent Adjustable Breast Implant瑞士Lipo Matrix公司生產），這種假體由織紋面矽凝膠彈性外殼內注入植物甘油三酯，即豆油構成。填充材料是以含甘油三酯為主的植物油（豆油、花生油、葵花籽油），食用後可經小腸吸收分解成脂肪酸和甘油，最終產生能量或轉換為身體脂肪。

這種填充物有很好的生物相容性、抑菌性、X線透光性、黏性，其物理特性界於矽凝膠和鹽水間。這種假體還含有跟蹤裝置，即異頻雷達收發機，它貼附在矽凝膠外殼後部，並含有微晶片，這種晶片內含有關於生產廠家、外科醫生的資訊，這些資訊可透過專門的手提式翻譯機把微晶片中的資訊翻譯出來。一九九五年這種假體獲得FDA准許進行臨床試驗。該專案計畫在美國五個地方對五十例患者置入的一百個假體進行研究。

透明質酸（Hyaluronic Acid, HA）假體，透明質酸是種天然多糖，可在人體正常組織中發現。臨床上應用的HA（商品名Healon）是一種脫水生物製劑，從雞冠真皮中提取，已獲FDA批准用於眼科臨床，並有促進傷口癒合作用。儘管

ＨＡ為一種正常人體組織成分，但由於ＨＡ為高度親水性物質，關於這種假體在體內的降解以及穩定性還有待於進一步研究。

聚乙烯吡咯烷酮假體（polyvinylpyrrolidone, PVP），是一種低分子量「生物膠」，ＰＶＰ假體又稱為Misti－Gold假體或Nova－Gold假體。具有一定的潤滑作用，可防止乳房假體產生折疊性磨損破裂（Fold－flawfracture），ＰＶＰ黏性低，填充的乳房假體手感比矽凝膠乳房假體差，手觸壓時有捻發樣感覺，而且ＰＶＰ有流動，造成假體上部凹陷，胸上部可形成皮膚皺襞，故laing主張將ＰＶＰ充注之乳房假體置於胸大肌下。後來假體生產廠家增加了ＰＶＰ黏性，而推出了Nova－Gold假體。但ＰＶＰ充注的乳房假體尚未得到ＦＤＡ的批准，只有美國以外的一些國家使用。

其他正在開發和研製的假體，包括水凝膠、海膠以及羥丙基甲基纖維素和醫用聚丙烯酰胺水凝膠。

水凝膠是多糖和水的混合物，化學結構上類似葡聚糖，儘管這種物質是有希望的填充物，但潛在的問題是過敏性、發射透光性和高張性。目前這種假體在法國進行試驗。

海膠從海草中提取出來，挪威的Arlansmith正對這種假體進行研究。羥丙基甲基纖維素有很好的生物相容性並有抑菌作用，但這種假體存在的問題是羥丙基甲基纖維素水解副產品的潛在危險性和長期穩定性。醫用聚丙烯酰胺水凝膠假體在我國正在進行臨床研究，其長期效果有待進一步驗證。

B.化學添加物類填充材料

如聚乙二醇（Polyethleneglycol，PEG），這種假體在達拉斯大學西南醫學中心研發出來，這種填充物為聚乙二醇和鹽水黏性混合物，手感類似於乳房組織。優點是無毒性、無免疫源性、無致癌性、沒有降解副產品。動物實驗顯示這種聚乙二醇與鹽水混合物的乳房假體破裂後六週或六個月，沒有局部或全身中毒表現，在歐洲已經開始了對這種假體進行早期臨床研究。

(2)乳房不成形注入材料

乳房不成形注入材料有自體脂肪顆粒及親水聚丙烯酰胺凍膠。

①自體脂肪顆粒

自體脂肪可從自體的腹部、大腿等處抽取，清洗之後，再將之注入乳腺組織下，但每次注入量應不超過五十毫升。由於存在著脂肪的液化及纖維化，故間隔一～三個月後，再次注射。採用自體脂肪顆粒隆胸的方法，難以在臨床上得到普遍應用，原因是脂肪移植後有百分之三十～百分之六十被機體吸收，手術的遠期效果不佳，液化的脂肪容易引起感染、硬結。

②聚丙烯酰胺水凝膠

為化學合成物，自一九九七年聚丙烯酰胺水凝膠在我國應用至今，理想的術後效果和嚴重併發症均有文獻報導，另外是否與乳房疾患有直接關係尚待研究，所以業內人士對水凝膠的臨床應用問題仍存在爭議。

注射聚丙烯酰胺水凝膠隆乳只能在法律規定的範圍內試驗性的應用，由於國內使用病例較少，隨訪時間短，遠期臨床效果有待於長期觀察和驗證，故不少專家建議慎重使用為宜。

總之，對任何一種新型隆乳填充材料的開發和研製，包括動物實驗、臨床研究以及最終的進入市場，是一個很漫長的過程。除了經時間考驗的矽凝膠和鹽水假體外，還沒有其他更好的材料可資利用，上述的許多材料仍大多處在探索研究階段，臨床應用還有待於進一步嚴格的科學驗證，但願不久的將來有新型的理想的生物材料能為隆乳術開闢新的途徑。

二、隆乳術的適應症和禁忌症

1. 隆乳術適應症

凡是十八歲以上，身體發育完成，有以下情況者可慎重考慮使用隆胸術。

(1)先天乳房發育不良。

(2)內分泌影響（絕育後或哺育後）所致的發育性乳腺萎縮。

(3)體重驟減，形體消瘦所引起的乳房縮小。

(4)輕度乳房下垂。

(5)乳房欠豐滿，希望增大一些。患者要求強烈，且胸部曲線輪廓具備增大條件者。

(6)兩側乳房大小不一。

(7)乳腺腫瘤術後。

2.隆乳術禁忌症

(1)精神病人或精神病傾向者。
(2)要求隆乳但心理準備不足者。
(3)乳房周圍或乳房有炎症者。
(4)心、肝、腎等重要臟器有嚴重器質性病變。
(5)乳腺癌術後有復發或轉移者。
(6)有疤痕體質者要慎重。
(7)要求過高，與自身條件相差很遠者慎做或不做。

三、隆乳術的術前準備

外科手術都需要充分的術前準備，而隆乳術的術前準備尤其重要。醫生和受術者在生理和心理上都必須做好充分的準備。我們將從二者的角度分別闡述相關知識。

1.醫生的準備

要求做隆胸術的女性除了乳房不大以外，大多都是容顏尚屬漂亮的人物，所以從接診一開始，就應瞭解受術者要求隆乳術的目的。和其他任何美容手術一樣，隆乳術能夠改善受術者的體形，但不能解決任何其他社會性問題，例如改善與戀愛物件的關係等。這點必須使受術者瞭解清楚，不然術後會失望的。

必須細心地瞭解受術者病史，要注意任何以往的乳腺疾病以及青春期乳房的發育和妊娠、哺乳對乳房的影響，必須瞭解有無乳腺癌的家族史。體格檢查必須全面，特別要注意乳房及腋窩淋巴結的觸診。任何陽性發現都必須進一步追查，以保證接受隆乳術的是一個正常、健康的婦女。如果發現任何感染灶，即使是遠隔部位的感染灶也應推遲手術時間，直到感染治癒。

應當確切地瞭解受術者希望一個多大的乳房。一般情況下受術者只能說出一些意向性的要求，例如「中等大小」、「稍大些」或「盡可能大些」等。醫生必須根據受術者的願望，以及全身和局部的條件，估計出每一側乳房需要植入多少毫升的矽膠囊。矽膠囊的毫升數等於所需乳房的毫升數減去乳房原有的毫升數。

所需乳房大小的參考因素有；身體較高的人，乳房相對大些；體重大（較胖些）的人，乳房需大些；胸廓較扁平的一側乳房需大些，而胸廓較突起的一例乳房可以小些；胸廓是狹長形的，乳房不可能太大，等等。同一個乳房假體，給這個受術者可能太小，給另一個受術者卻正好合適。有的受術者雙側植入同樣大小的假體，術後卻顯得一大一小，左右不對稱。因此，上述的估計必須小心細緻，力求準確。

估計乳房假體的大小，需要對受術者的身體進行測量，並需要醫生有一定的經驗。當醫生不能決定使用多大的乳房假體，或患者不知道該將乳房加大到何種程度時，有一個簡單的辦法可以使用。即將乳房假體放在乳罩中，讓受術者戴上，實地觀察乳房大小是否合適，左右是否對稱；也可用適當大小的塑膠袋灌上一定毫升數的清水做上述試驗。

還有一些具體措施如下：

(1)全面體檢化驗，作細胞及出、凝血時間檢測，排除有血液疾病的可能，無嚴重內科疾病及局部感染灶者，方可手術。

(2)囑患者術前一個月應停止服用避孕藥、雌激素等類藥，停用阿司匹林等易引起創面滲血的藥物。

(3)手術時應避開月經週期。

(4)根據患者自身條件及要求決定選用乳房假體的類型及大小；假體基質一般為十～十二公分，容量為一七五～二五〇毫升。

(5)與患者充分交流後決定手術切口及假體植入的層次。切口可選擇：①腋窩切口；②乳房下皺襞切口；③乳暈周圍切口。

(6)術前標定手術分離範圍：上界到鎖骨下區；下界到乳房下皺襞，內側到胸骨外緣，外側到乳房下皺襞。

2.受術者的準備

(1)心理準備（理解風險）

每年有數以萬計的女性成功的進行隆乳術，但任何一個考慮手術的人都要考慮手術的好處和風險。手術的風險和可能的併發症將會由醫師給受術者講解清楚。一些潛在的併發症如麻醉反應、血液的滲出和引流以及感染等將有可能發生。發生感染時，有極少數病人雖經適當治療仍然不能消退，需要將假體暫時取出，術後乳房和乳頭的感覺可能會有變化，但一般也是暫時的。

乳房假體植入後，在癒合過程中，假體周圍形成一層包膜是正常的。但有時包膜會變硬並壓迫假體，使假體比正常堅硬。包膜收縮的程度不等，嚴重時會引起不適和乳房形態的變化。此時，可能需要再次手術去除瘢痕組織，也許要去除或更換假體。乳房假體不是為終身使用設計的，不要期望它永遠保留。

如果鹽水假體破裂時，其內容物可在數小時內被身體吸收而無害，但乳房的大小會有明顯變化。破裂的原因可因胸壁外傷，更常見的可無特殊誘因。此時需要手術取出。如果受術者需要定期作乳房造影檢查，應該選擇一家對乳房假體作造影有經驗的醫院。

乳房假體的存在可能會影響早期乳癌的發現。一些應用乳房假體的婦女曾經報告有結締組織和免疫疾病。不使用假體的婦女也可有這類疾病，所以，關鍵是乳房假體是否增加了發生這種疾病的危險。研究顯示，應用假體的婦女發生這種疾病的發生率並無顯著增加。

為了防止出現一些不良後果，選擇隆胸術女性均應在手術前深入瞭解以下幾個方面的問題：

第一，真正瞭解為你實施隆胸術的醫師的實際水準：包括她（他）是否為專業的美容整形外科醫師，實施隆胸方案是否與國內公認方案基本一致，如切口的選擇、假體留置的位置及術後的處理等是否合理。萬一發生出血、感染等問題的實際處治能力是否具備等。

第二，隆胸材料的選擇問題：這是對任何受術者均十分重要的問題。包括材料來源是否符合國家要求；材料是否具有相應的檢測數據，至少是目前國內能夠辨得到的檢測數據。材料萬一發生問題有無品質擔保；其次乳腺假體形狀、大小的選擇是否符合受術者的具體條件，如身高、胸廓形狀、寬窄及胸圍、腰圍、臀圍大小和乳腺的實際條件等因素的要求。

第三，你選擇作隆胸術的場所是否具備作隆胸術及處治因隆胸術所發生問題的條件與措施。如嚴格的消毒條件，救治手術意外的能力與措施，處治術後如血腫、感染及形態欠佳等問題的能力及措施。

(2)就診準備

①就診時，醫生將要詢問你期望的乳房的大小，以及你認為重要的有關乳房的問題。這將有助於你的醫生理解你的期望，並確定這些期望的現實性。

②就診時，醫生將檢查你的乳房，並做有關乳房的大小和形態、皮膚的質地、乳頭和乳暈的位置的記錄。

③你應該準備回答你的病史。包括：藥物過敏，接受過的治療，以前作過的手術如乳房活檢，以及你現在服用的藥物。

④可能要問及乳房癌的家族史，應如實回答。關於隆乳術增加乳腺癌危險的說法沒有科學根據，對此醫生會和你進一步討論。

⑤如果你準備減肥，要告訴你的醫生，他們可根據你穩定的體重而決定假體的大小。

⑥如果你最近準備懷孕，應該告訴醫生，醫生將根據您的要求和交談情況確定您的假體大小。隆乳術不會影響懷孕和哺乳。

四、隆乳術式詳解

隆乳術的術式隨著隆乳材料的發展而變化著的。縱觀隆乳術百年發展史，在上世紀六〇年代以前，整形醫生們嘗試過各種注射隆乳術、自體組織移植術。

一九六三年GRONIN用儲有矽橡膠液的矽橡膠囊假體隆胸，取得了良好的效果，乳房假體植入隆胸術在世界各地得到普及，且成為目前最安全的手術方法，現將目前應用較多的各種隆乳術分述如下：

1. 乳房假體植入術

(1) 隆乳術的切口設計選擇

隆乳術中常用的切口，有腋窩橫皺襞切口、腋窩前皺襞切口、乳暈下切口及乳房下皺襞切口。過去尚有腋前線切口，目前已很少採用。

① 腋窩前皺襞切口

切開皮膚、皮下組織後，顯露胸大肌外側緣，分離胸大肌後間隙，解剖位置淺，不易損傷重要血管，瘢痕明顯。泳裝或帶乳罩不能掩蓋。

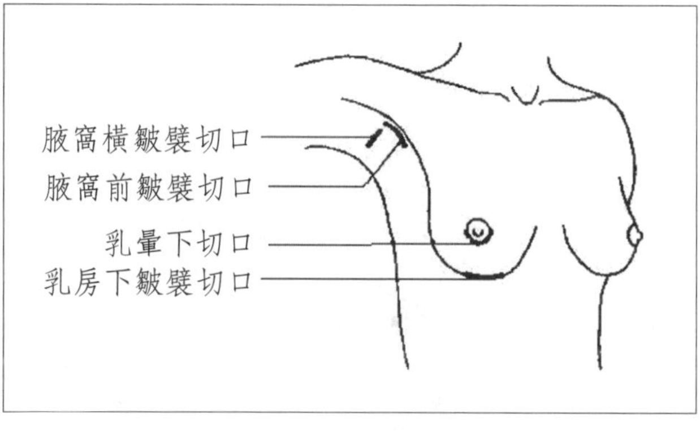

腋窩橫皺襞切口
腋窩前皺襞切口
乳暈下切口
乳房下皺襞切口

隆乳切口設計選擇

植入假體因腋窩切口位置或隆乳囊腔製造不良，容易向上方移位。如切口位置低下，易損傷第四肋間神經分支，造成乳頭、乳暈感覺減退。

②乳暈下切口

該切口小，乳暈皮膚呈褐色，有結節狀乳暈皮脂腺掩飾，瘢痕不明顯。以乳頭為中心，切口在胸大肌下，間隙可用手指分離，對胸大肌的附著處分離較充分，止血較徹底，術後假體位置自然、逼真。為防止損傷乳腺管，或防止術後影響乳頭的感覺與勃起，在乳暈切口後，沿乳腺表面分離到乳房下皺襞，自然地從下皺襞區進入乳腺下或胸肌筋膜下，可防止乳腺管及乳頭平滑肌神經支配的損傷。

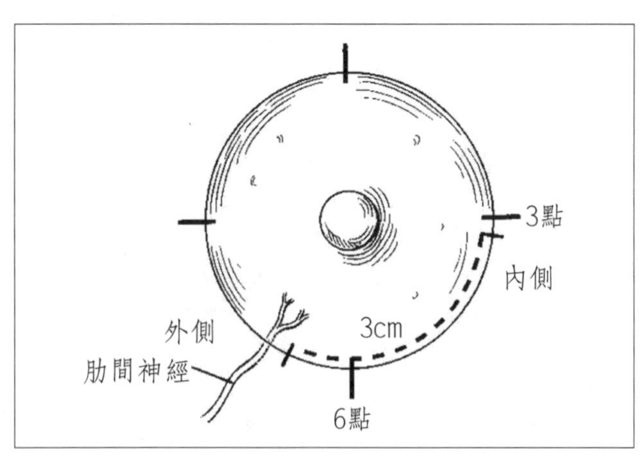

乳暈下切口

③乳下皺襞切口

該切口較隱蔽，與皮膚紋理基本一致，切口瘢痕不明顯，不損傷乳腺組織及重要神經血管；切口處胸大肌組織較薄、顯露好，進入胸大肌下容易，較易分離胸大肌部分附著區，止血徹底；假體植入方便，假體植入後，不易向上移位，此切口也使用於乳腺下埋植假體。但該部位是受力最大處、引流最底位、各層組織最薄處，易併發感染，可致假體外露、切口裂開等。

④腋窩橫皺襞切口

在所有切口中，腋窩橫切口最為隱蔽，且因切口與皮膚皺褶一致，術後瘢痕不明顯，不損傷乳腺組織。但腋窩切口經皮下進入胸大肌下間隙距離較長，設計範圍線下緣的胸大肌內下方和外下方附著點分離不足，術後可造成乳房假體上移、外形欠美觀。但手

術前

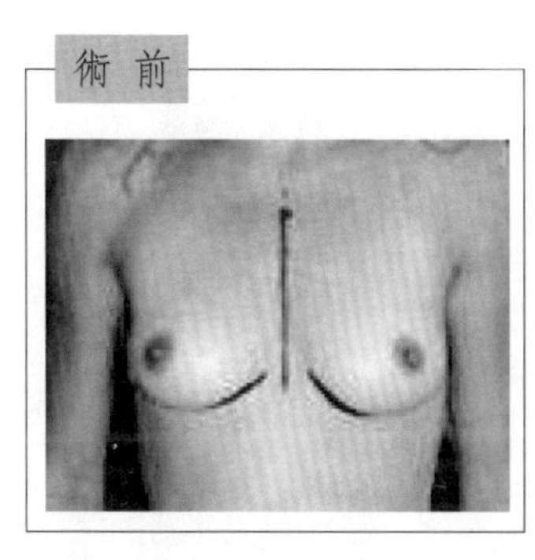

術後

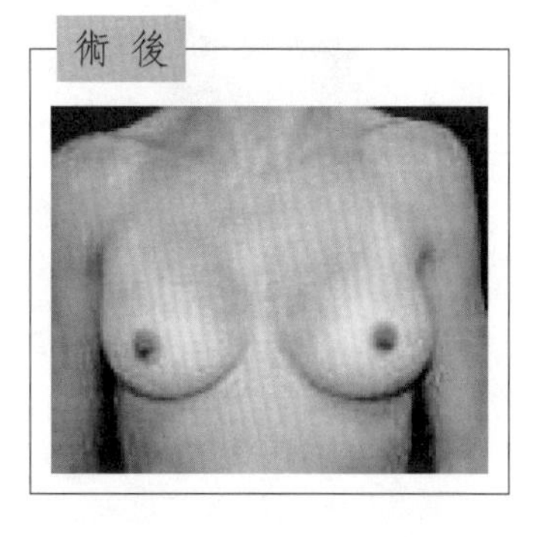

術醫生有足夠經驗，則可避免發生這種形態不良的後果。

切口隱蔽當然比較好。由於腋窩切口在腋窩頂皺折處，又有腋毛遮蓋，有較多人採取這種切口。但對於模特兒或喜歡穿露肩無袖者，則不適於該切口。

腋窩切口在盲視下操作，剝離下界時相對較為困難，此時可加大該處的剝離力量，並採用槓杆撬撥的原理進行剝離。

另外，在切開腋窩皮膚時，可將切口往內側拉，避免損傷深部的神經、血管。由於腋窩切口和乳房下皺襞切口的切口瘢痕都不容易完全遮蓋，特別是瘢痕容易增生者，尤其在穿著三點式泳衣更為明顯。而乳暈膚色較暗且有結節狀的乳暈皮脂腺偽裝，乳暈下切口瘢痕不明顯，即使瘢

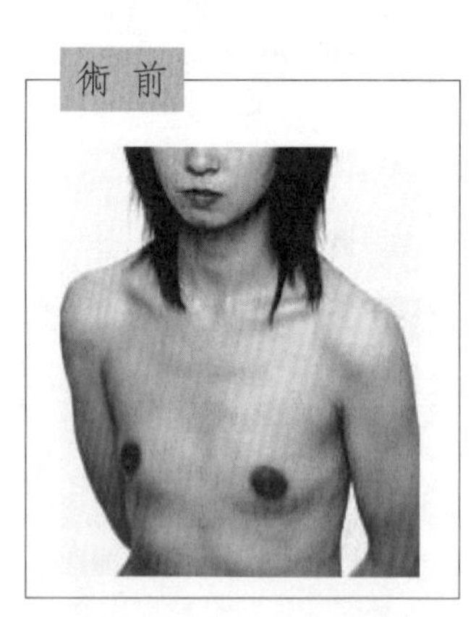
術前

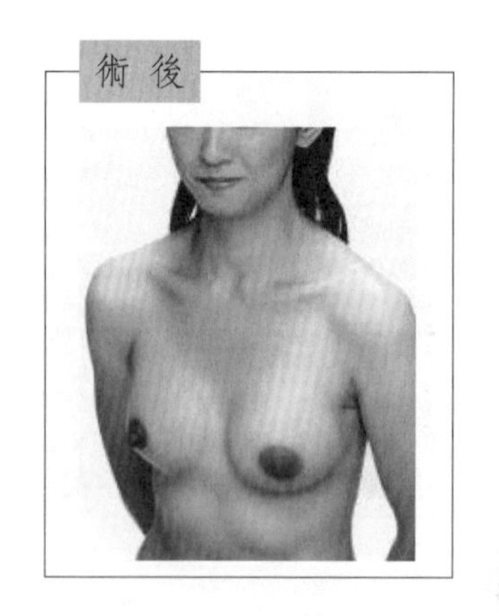
術後

痕增生也容易遮蓋，且各種假體均適宜，故乳暈切口更適合我國年輕女性隆乳。乳暈下切口一般適合於乳暈較大者，或者乳頭輕度下垂者。對於要求行矽膠假體隆乳者，要求乳暈直徑四公分以上；而對於要求行鹽水假體隆乳者，則乳暈的大小無影響。

皺襞切口相對比較暴露，在國外採用此切口的較多，因為外國人體形相對較大，較為豐滿，且白種人傷口瘢痕不明顯。該切口可在直視下操作，可放置較大的假體。

(2)手術要點

①經腋窩切口

A.雙臂外展。經腋窩皺襞作三～四公分切口。

B.沿皮下深筋膜層向內側分離至胸大肌外側緣，鈍性分開該肌筋膜，找到胸大小肌間的間隙。

C.依術前標定範圍，以乳房剝離子鈍性分離胸大小肌間隙。

D.將假體通過腋窩切口置入胸大小肌下間隙，如採用充注式假體，注入鹽水後將注水管拔除。

E.逐層縫合胸大肌筋膜、皮下、皮膚。

F.乳房外上方適當加壓包紮。

②經乳房下皺襞切口

A.在乳房下皺襞中間處作三～四公分切口。

B.切開皮膚、皮下至胸大肌表面筋膜；找到並分開乳腺基層緣與胸大肌筋膜連接處，鈍性分離出乳腺與胸大肌之間的間隙。

C.將假體置入乳腺後間隙，分層縫合乳腺邊緣與胸大肌筋膜、皮下皮膚。

D.亦可分離出部分乳腺後間隙後，將游離的乳腺組織上提，顯露胸大肌筋膜。沿纖維走行鈍性分開胸大肌，以乳房剝離子鈍性分離出胸大肌後間隙，將假體植入，分層縫合。

③經乳暈切口

A.經乳暈上方或下方與皮膚交界處作三～四公分長半

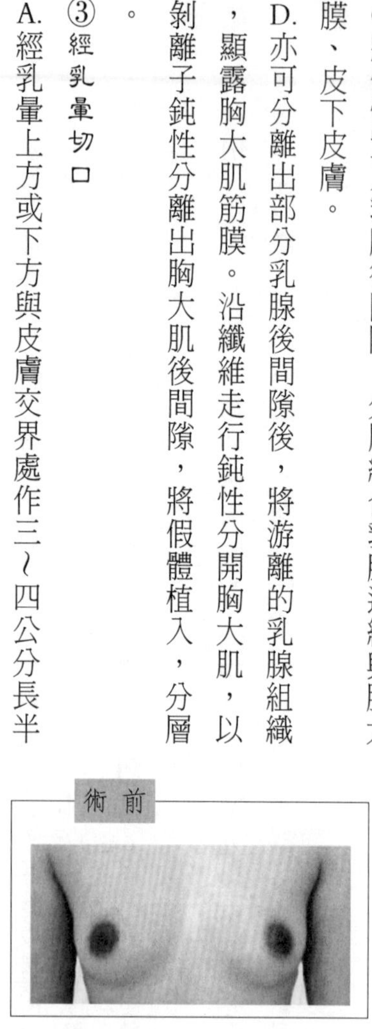

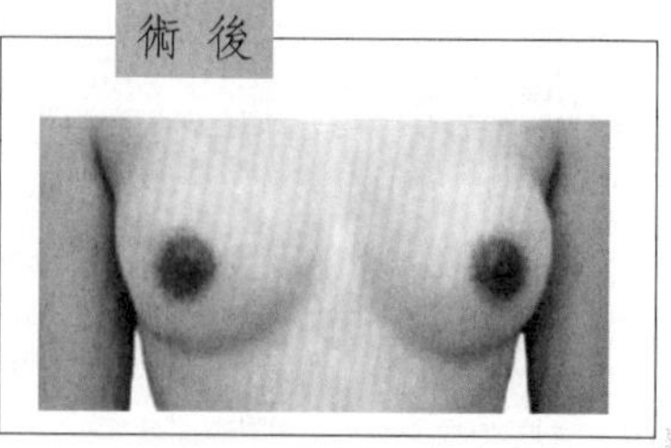

圓形切口，直達乳腺前筋膜。

B.沿乳腺前筋膜向下分離至乳腺基底緣，分開基底緣與胸大肌筋膜之間的連接處。

C.將游離後的乳腺組織向上牽拉，分離出乳腺後間隙，將假體置入，或顯露出胸大肌筋膜後，分開胸大肌纖維，游離胸大肌後腔隙，將假體置入胸大肌下。

D.亦可直接切開皮膚、皮下乳腺組織，在乳腺下間隙或胸大肌下間隙置入假體，分層縫合。

(3)假體的放置部位

假體放置的部位分為以下兩種，各有優缺點。整形醫生應根據受術者的具體條件以及本人的要求綜合考慮。

①乳腺組織下

假體植入乳腺組織下，對於具有一定量的乳腺組

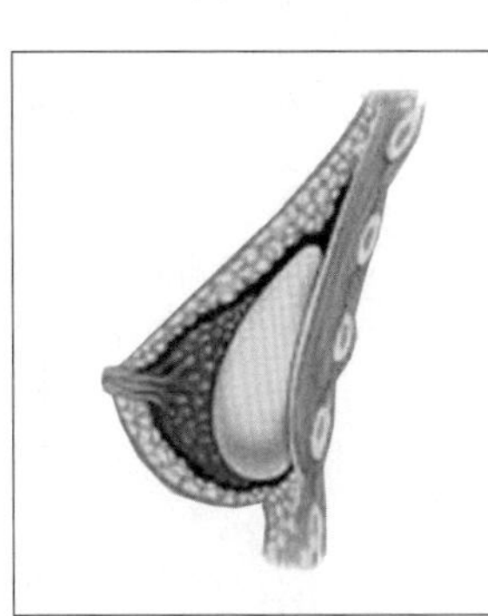

假體放置乳腺組織下

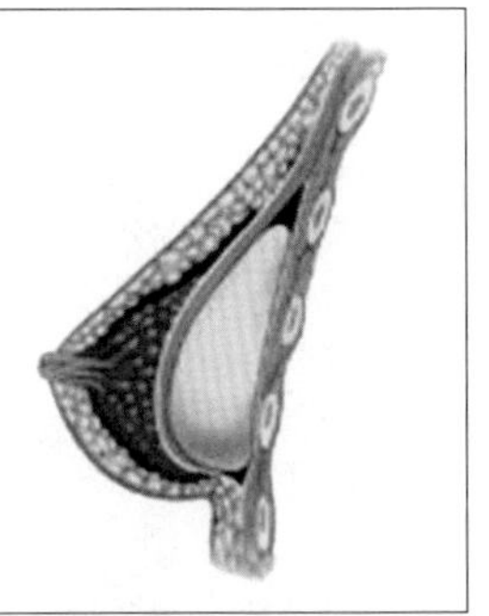

假體放置胸大冗下

織和皮下脂肪，以及具有相當厚度、彈性的乳腺皮膚的女性來說是非常合理的選擇。乳腺組織下隆乳具有能觸及性、可見性以及鹽水假體隆乳的波動感。儘量避免用於十分消瘦和乳腺組織量特別少的患者。

②在胸大肌下

有以下優點：降低包膜攣縮的發生；術後乳房上部飽滿變得不明顯；減少鹽水假體隆乳術後波動感的發生；術後對乳腺疾病的檢查影響較小。胸大肌下隆乳對大多數女性都能取得滿意效果。如有明顯的乳腺萎縮伴皮膚鬆弛、腺體下垂，這種情況下，胸大肌下隆乳不能完全解決乳腺組織下垂問題，術後可能形成雙層乳房影。

(4)醫生手術注意事項

①作腋窩切口時，切口勿過於靠前，以免損傷肋間神經，影響乳頭、乳暈的感覺。

②剝離的腔隙須足夠大，沒有纖維索條，特別應注意將內下方胸大肌和腹直肌的附著頭分開。

③假體置入前應檢查有無滲漏，最好多副假體以防萬一。

④術中全過程應防治銳器紮破假體。

⑤剝離腔隙至胸骨緣，動作應輕柔，以防損傷胸廓內動脈分支。

2. 注射隆乳術

(1) 自體脂肪顆粒注射法

①脂肪抽吸和移植脂肪顆粒的製備

受術者術前取站立位，標記脂肪抽吸的部位及範圍，並測量、攝影和紀錄。腹部脂肪抽吸選擇在臍孔內緣兩側各做五毫米（公釐）的切口，臀和大腿脂肪抽吸可在骶尾部、臀皺襞、腹股溝內側各做一長五毫米（公釐）的切口。向脂肪抽吸區內注入含有百萬分之一到六十萬分之一的鹽酸腎上腺素生理鹽水，注入量約與估計脂肪抽吸量相同。

術後臍孔切口用油紗布填塞，不需縫合，其餘切

術前

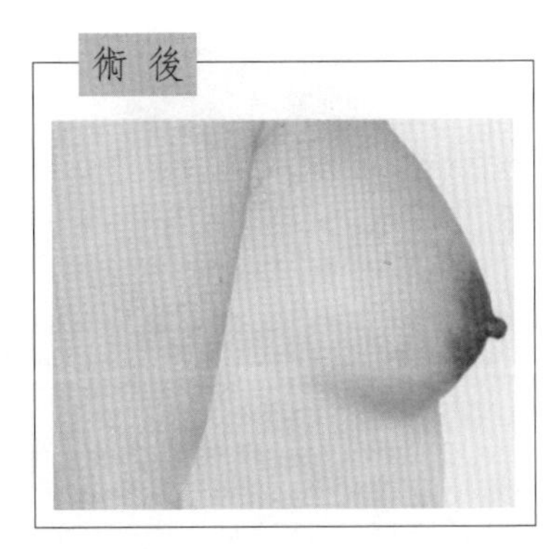

術後

口用五—〇絲線縫合。行脂肪抽吸手術時，用塑料皮膚套管保護切口周圍的皮膚，以免吸脂管在抽吸時皮膚受到損傷，影響傷口癒合。

注射型脂肪顆粒的製備：手術過程中回收脂肪顆粒所用的吸脂管、矽膠軟管、收集瓶等，手術前都必須嚴格地清洗、高壓消毒。抽吸出的脂肪顆粒經二～四層紗布過濾後，用生理鹽水反覆沖洗，將已破壞的脂肪、血液洗除，殘留較粗的血絲用鑷子夾除，製成注射型脂肪顆粒。然後，將其分別裝入多個性射器內備用。

②脂肪顆粒的植入

脂肪顆粒注射專用針頭為單側孔，外徑二・五毫米、長二十公分的不銹鋼的鈍頭針，針頭由乳房邊緣外側切口進入，逐層、均勻地將脂肪注入，從胸大肌下間隙直至乳房皮下，注射時將針頭邊注射

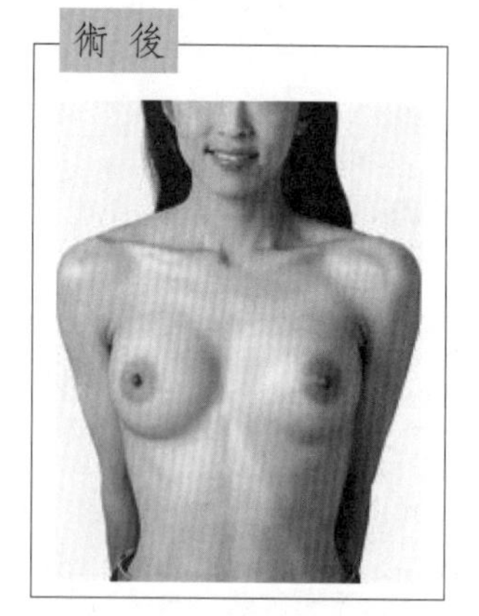
術後

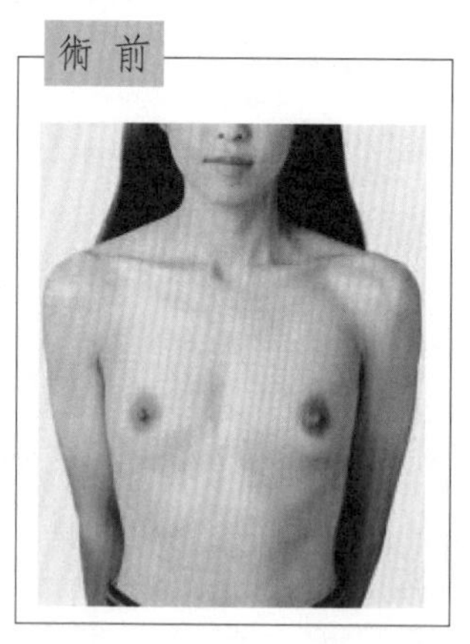
術前

邊退出，由深至淺均勻地將脂肪注入。注入完畢後，將受區適當的按摩，使注入的脂肪顆粒能更均勻地分散在組織中，切口用五—〇絲線縫合。

(2)聚丙烯酰胺水凝膠注射法

手術方法：常規消毒鋪無菌巾，胸骨上切跡與乳頭連線的延長線交於乳房下皺襞處為穿刺點。用百分之二利多卡因浸潤麻醉穿刺點，隨後更換十六號長針頭，左手提起乳腺組織，右手持針由穿刺點刺入乳房後間隙，推注十毫升配製好的局麻藥藉以撐開乳房後間隙，同時觀察腺體組織是否均勻隆起。如推注局麻藥時引起疼痛為穿刺過深；如皮下局限性隆起為穿刺過淺；如推注局麻藥阻力較大為穿刺在乳腺腺體內。成功的穿刺標誌是刺入後阻力消失，乳腺組織被均勻隆起，無疼痛或輕度脹痛。左手固定穿刺針頭，右手將調和後的PAM用注射

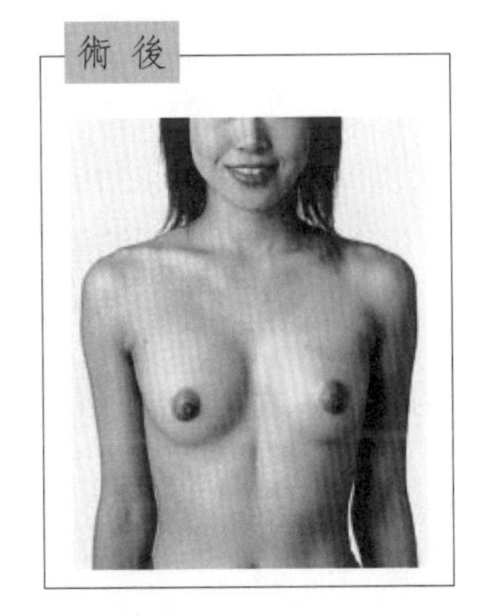
術後

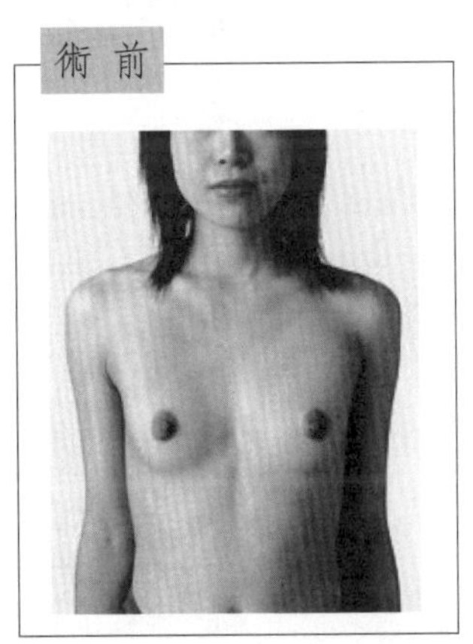
術前

器逐步緩慢推注入乳房後間隙。

注射過程中可根據乳房被隆起的形態改變注射方向，但要保持在同一解剖層次，確保PAM注射在同一腔隙內，注射量每側乳房八十～二百毫升（單純PAM量）。推注完畢後拔出穿刺針頭，雙手按摩乳房塑形，使PAM在乳房後間隙內均勻分佈，針眼以創可貼貼緊。

據報導，十二家湖北地區大型醫院的數十名整形外科專家，在武漢聯名發出倡議，反對一味追求經濟利益濫用注射隆胸術，以免給愛美的女性造成一輩子的痛苦。雖然我國規定三甲以上醫院才能做注射隆胸手術，但出於安全考慮，上海幾乎所有的三甲醫院都未開展，他們所使用的均為傳統的矽膠囊假體植入法。

一位不願透露姓名的整形科專家說，號稱三十分鐘就能立竿見影的注射隆胸手術，其併發症的治療也許花三十年也難徹底解決！他曾遇到一位在美容院進行注射隆胸的中年婦女，注射一個月之後，她的乳房就開始變硬、發脹、紅腫，而且疼痛難忍，乳房腫脹得像排球一樣大，壓迫得她無法躺下睡覺。後來到該院做手術，醫生從其乳房的切開面引流出三千毫升的黃綠色膿液。有的女子注射隆胸後引起嚴重發炎，最後只能切除病變的雙乳。

由於注射隆胸號稱不開刀、見效快，目前有許多不瞭解其隱患的愛美女性去嘗試，讓不法醫家、美容院牟取了驚人暴利。據專家透露，注射隆胸材料每毫升成本價不足十元，不法醫家、美容院卻以數倍的價格賣給患者，使低成本的注射式隆胸手術價格反而接近甚至高於假體隆胸。在上海長征醫院等大醫院的整形外科，時常有注射隆胸失敗的女性前往實施「返工」手術。

上海長征醫院整形外科主任江華教授認為，注射隆胸不能說絕對都有問題，一部分人做出的效果還是不錯的，另外一部分人則存在這樣那樣的嚴重問題。有的注射後引起嚴重感染，有的組織內形成硬塊，有的局部胸臂疼痛、酸脹等。因此，女性選擇隆胸一定要謹慎。

3. 微小組合假體隆乳術

自二十世紀六〇年代矽膠乳房假體問世以來，其用於隆乳逐漸受到歡迎，然而有許多問題尚待進一步完善解決，如切口的大小、術中對雙側乳房理想大小的估計、包膜攣縮的抑制、手術的難度以及矽膠滲漏後的安全問題等。楊維琦、楊佩瑛等採用多個十毫升大小的矽凝膠假體（簡稱微小假體）透由堆積組合塑形後

5例微小組合假體隆乳者的臨床資料

病　例	年　齡	置入假體數	隨訪時間	滿意程度
1	22	左側 24 右側 22	3個月	滿意
2	25	左側 18 右側 18	1年	非常滿意
3	33	左側 20 右側 22	3年	非常滿意
4	35	左側 16 右側 20	6個月	非常滿意
5	36	左側 22 右側 25	4年	很滿意

進行隆乳的新方法，稱為微小組合假體隆乳術。

這種微小假體的結構和置入方法與傳統單一矽凝膠假體類似。他們已應用微小假體進行了五例十側隆乳術。筆者認為該方法在理論上有其相當的合理性，值得推廣。

手術方法：局部麻醉、硬膜外麻醉或全身麻醉。手術方法類似於傳統假體隆乳術，取腋窩或乳暈切口，長約二～三公分。充分剝離胸大肌後間隙，然後將十毫升微小假體逐一置入間隙內，直至大小滿意、雙側對稱為止。平均每側置入微小假體一六～二五個。留置負壓引流管，縫合切口，包紮固定。術後第三天拔管，一週後開始乳房按摩。

術後隨訪最長六年，最短三個月，無論從外形和手感，醫生與隆乳者雙方均感滿意。

方法評析：微小組合假體隆乳術中，每一微小假體的矽膠外殼和內容物與傳統矽凝膠假體完全一樣，乳房最後的體積由堆積在一起的微小假體數量決定，具體操作與傳統假體隆乳術類似。

其優點為：①乳房手感好，外觀自然。隆乳後的外形與傳統單一大假體隆乳相似。儘管微小組合假體表面不太規則，但置入胸大肌後間隙，因原有的軟組織掩蓋並觸摸不出其凹凸不平的表面，因包膜將所有微小假體包裹固定而感覺不出由多個微小假體組成。②切口小。③乳房大小容易調整，雙側乳房不對稱易於矯正。④如發生假體滲漏，因為每一微小假體滲漏量遠遠少於大假體，危害相應縮小。⑤微小組合假體比傳統大假體可能有更低的包膜攣縮率，原因可能是：第一，微小假體增大了假體包膜的表面面積；第二，當包膜攣縮時，微小假體間可相互滑動如同按摩，可以緩解硬化程度；第三，微小假體表面起伏不平，干擾了膠原纖維的沉積，使膠原纖維更屈曲而富延展性。

本法不適合置於皮下或較薄的乳腺下；否則，易觸摸出單個的微小假體，表現出凸凹不平。此外，對腔穴邊緣剝離的均勻程度要求也較傳統採用單個大假體為高。對包膜攣縮影響的推論以及遠期效果，還需積累更多的手術例數及進行更長期的觀察。

五、乳房假體容積的選擇

1. 精確計算乳房假體容積的重要性

(1)對女性乳房美學標準的評判，儘管由於人們生活環境、文化素養、社會地位、心理因素的不同而有差異，但仍應與美學的基本原理相符，即乳房的大小應與身體各部位的比例相協調。有些受術者由於缺乏醫學美學知識，對置入假體的大小與胸圍將發生的變化不甚瞭解，對手術效果的期望有很大的盲目性，甚至出現超越標準的極端追求，或「越大越好」，或「有一點就行」。不同的施術者，因審美觀、臨床經驗不同，也會有各自不同的主觀標準。因此，制定一個較科學且符合人體美學標準的選擇假體容積的計算方法十分必要。

(2)美學標準表明，身高與胸圍之間存在著一定的比例關係。所以，如何根據受術者的胸圍選擇置入假體的容積，使受術者術後的胸圍盡可能符合美學標準要求，是手術成功的關鍵。下文談及的計算方法是將手術雙方對手術效果均感滿意

的相關測量指標進行統計分析，並結合美學標準而制定。經大量臨床驗證，本計算方法適用於大多數受術者。

(3)接受隆乳的女性，身材各異。按皮・費氏體形指數，可將體形分為三種類型。因此，根據不同的體形，在應用本法選擇假體容積時，應作相應的增減調整。對纖細型受術者，應選擇較實際計算值略小的假體；對粗壯型受術者，則需比實際計算值略有增加。

(4)隆乳術後，受術者是最主要的受益者，其主觀期望直接關係到對手術效果的評價。因此，醫生只能指導受術者樹立正確的審美觀，而不應將自己的審美觀強加於人。應在客觀條件允許的範圍內，儘可能滿足受術者的要求。對要求乳房曲線輪廓較明顯者，可適當增大假體容積，對觀念較為保守者，則可適當減少容積，從而獲得令人滿意的效果。

2.我國女性隆乳假體容積的精確計算法

應用置入假體的隆乳術，可使乳房發育不良的女性達到豐乳的目的，使她們的美好願望成為現實。然而，置入多大容積的假體才能塑造出既符合人體美學又使手術雙方均感滿意的乳房，是保證手術成功的重要環節。張波等對近年來隆乳且術後效果滿意的一〇三位患者的有關資料進行總結和研究，得到一種計算方便、行之有效的預測假體容積的方法。

我國目前公認的成年女子體形標準的胸圍與身高的比值為〇・五三，當已知身高時，可得到標準胸圍，即標準胸圍＝身高×〇・五三。為使術後的過乳頭胸圍儘可能接近美學標準，研究者根據調查列出了過乳頭胸圍與術後兩側乳房總體積的關係：Y＝29.4X－1730。式中Y為雙側乳房總體積；X為術後過乳頭胸圍。因此，可得單側乳房總體積＝7.8×身高－865。所以，單側乳房假體容積＝7.8×身高－865－術前乳房體積。

另外，臨床上還常用到一些粗略的方法來估計所需假體的容積。把假體容量分為大、中、小三個等級。大號假體二二〇～三〇〇毫升適用於身高一七〇公分左右者；中號假體 一八〇～二〇〇毫升適用於身高一六五公分左右者；小號假體一五〇～一七五毫升適用於身高一六〇公分左右者。無論使用哪種方法都必須與受術者商討並以患者的意見為主。

六、隆乳術的麻醉選擇及改良方法

1.麻醉方法分類

這裏只介紹乳房假體隆乳術的麻醉方法，分別是全身麻醉、高位硬膜外麻醉及局部麻醉等。

(1)全身麻醉適用於精神心理較緊張的受術者。一般採用靜脈麻醉，也可採用氣管內麻醉，但在國內臨床較少採用全身麻醉進行隆乳。

(2)高位硬膜外麻醉是一種較為安全、易於外科醫師手術操作的麻醉方法。筆者在臨床上多選用這類麻醉方法。

(3)局部麻醉是一種安全、有效且能減少術中出血的麻醉方法，這種麻醉方法由手術醫師自己操作，局部麻醉分為肋間神經阻滯麻醉及局部侵潤麻醉兩種。局部麻醉應有術前用藥，如哌呱替定（度冷丁）、異丙嗪、地西泮等。

目前隨著全麻藥物安全性的提高和麻醉監護技術的進步，全麻和高位硬膜外麻醉應該是隆乳術的最佳選擇。但隨著手術技術的提高和生活節奏的加快，越來越多的受術者願意選擇門診手術，而門診手術多採用局麻方式。

傳統的局麻方式止痛效果有時不太滿意，受術者常常感到在手術的某些階段，如假體腔穴剝離時疼痛明顯。近年來大量美容工作者在改良麻醉方法方面做了大量的工作，並取得了明顯的效果。

2.幾種局麻改良方法及評價

(1)朱志軍等採用以手術徑路分次浸潤麻醉結合剝離層面內腫脹麻醉方法。

這種局麻藥物的配製有兩組：

一組：百分之〇・五利多卡因二十毫升＋腎上腺素二滴。

二組：生理鹽水二百毫升＋百分之二利多卡因十毫升＋百分之〇・五布比卡因十毫升＋百分之五碳酸氫鈉五毫升＋腎上腺素〇・五毫克。

在藥物的配製上，將具有臨床作用起效快、彌散廣、穿透性強的利多卡因與具有麻醉持續時間較長的布比卡因配伍，可以使受術者於術中術後較長一段時間均有較佳的止痛效果；腎上腺素既可收縮血管減少失血，又可降低血內麻藥濃度，進一步提高麻藥效能，起到了「增效減毒」的作用；碳酸氫鈉使游離堿基增多，亦可加強局麻效果。

這種麻醉方法採用依手術徑路分次麻醉方式，既確切了止痛效果，又避免了盲目注射可能造成的手術層次以外的無用麻醉，從單位時間和總量方面減少了麻藥的用量，大大增加了手術安全性。還因為水壓作用，使麻藥更易進入神經末梢，增強了麻醉效果；使組織間隙容易分離，減少了手術刺激；又因腫脹壓迫血管，可減少組織失血量，增加了手術安全性，術後恢復快。

此麻醉方法簡便實用，費用低廉，特別適合於美容門診和基層醫院推廣使用。

(2)趙宏武等採用局部組織浸潤加鼻黏膜滴定複合麻醉法。

這種麻醉方法採用三種不同濃度，不同成分的麻醉藥品混合液。

A液為氯胺酮與芬太尼混合液共二毫升，其中氯胺酮一毫升（即五十毫克／毫升）、芬太尼一毫升（即五十微克／毫升）；

B液為百分之〇・二五利多卡因＋百分之〇・〇七五布比卡因＋一：二十萬腎上腺素混合液，通常取一百毫升；

C液為百分之一利多卡因十毫升。

以七號長針頭將均勻的B液緩慢注入假體植入間隙範圍內，每側藥液量約四十～五十毫升，並不斷按壓注藥區域，使藥液均勻擴散、吸收。皮膚切口處採用C液作皮內浸潤麻醉（因B液麻醉藥濃度較低，對切口皮膚麻醉效果欠佳，故採用C液）。切開皮膚前，採用A液，以五號針頭，緩慢向患者雙鼻孔滴入，每側鼻孔約二十五～三十滴，滴定完畢後，擠捏患者雙鼻翼約十～十五秒。

此方法麻醉安全、操作簡單、效果可靠、易於接受。

氯胺酮與芬太尼的混合液由鼻黏膜吸收後，三～五分鐘起效，很快達到高峰，具有強烈鎮靜、鎮痛、麻醉的作用。如此藥物劑量，我們經多次監測、觀察，患者的血氧飽和度、血壓、心率、心電圖等無明顯變化，故建議在手術中不需要監測。另外，這種給藥方式簡單、方便、易行。

對患有青光眼、重症肌無力者禁用；對患有高血壓、心臟病、支氣管哮喘者慎用；病人應在空腹狀態下應用，以免對氯胺酮敏感者腹壓增高，造成食物反流、誤吸窒息。

(3) 謝義德等採用腫脹麻醉＋杜冷丁、非那根（簡稱杜非）麻醉方法，術後配合逆行三階梯止痛法。

腫脹麻醉配方：生理鹽水四百～五百毫升＋利多卡因五百毫克＋布比卡因五十五毫克＋鹽酸腎上腺素〇．四～〇．五毫克。

簡單、安全、效果好的麻醉方式始終是美容外科醫師所追求的目標。應用傳統的局麻作隆乳麻醉效果均不理想，高位硬膜外麻醉及全身麻醉併發症多、危險性大，需要一定設備和專職麻醉人員操作，麻醉後需要留院觀察一段時間方可離院。採用腫脹麻醉和杜非鎮痛，具有操作簡單、不需專職麻醉師、安全、效果好及術後不需留察的特點，特別適用於門診及診所中開展手術。

腫脹麻醉源於抽脂術。因肌肉內的感覺神經明顯豐富於脂肪組織，單純將腫脹抽脂術中麻醉配方運用於隆乳術，效果欠佳，筆者在麻藥中增加藥效強於利多卡因四倍的布比卡因，再配合杜非鎮痛完全可滿足需求。

由於布比卡因藥效長達三～六小時，加上腎上腺素收縮血管和局麻藥超量灌注所形成的壓力對組織中細小血管的壓迫作用，大大地延緩了麻醉劑的吸收，延長了止痛時間，而且明顯減少了術中出血。由於胸大肌發達者肌間隔也較發達，麻醉效果較差，肥胖者注射麻藥時不便觀察，所以，此麻醉方法對於消瘦者和胸大肌較薄弱者較為合適。

疼痛是每一位受術者最為關切但又常被美容外科醫師所忽視，特別是術後疼痛的處理更未引起醫生的重視。疼痛不僅會影響受術者的飲食、休息和睡眠，還會引起機體免疫功能下降和影響體能的恢復，世界衛生組織早在一九八四年就提出「癌症患者三階梯止痛方案」其目地就是要提高患者的生存品質，讓患者在無痛的狀態下休息、活動和工作。

由於隆乳術術後疼痛特點為術後當天及術後第一天較劇烈，以後漸弱，這一變化特點正與癌性疼痛相反，故採用逆行三階梯止痛法鎮痛。

(4)陳伯華等採用胸大肌後間隙腫脹局麻隆乳術。

麻藥配置：在百分之〇・九生理鹽水二百～二百五十毫升中分別加入百分之一普魯卡因二十毫升、百分之二利多卡因十毫升、百分之〇・五布比卡因十毫升、百分之五 $NaHCO_3$ 十毫升和腎上腺素〇・五毫克，混勻備用。

這種局麻有針對性強，安全性高，麻藥量少，效果理想等優點。

為了得到更佳的局麻效果，術前十分鐘予注射「杜非合劑」半量，使患者更平靜。局麻注射時，要把整個乳房抓住並提起，這樣才易直接注射到胸大肌後間隙，避免把麻藥注射到與手術剝離層次無關的組織中。注射進針時，如針頭有落空感或回抽有氣體、血液時，要適當調整，只要方法得當，注射簡單實用。

(5)劉鋒等採用肋間神經阻滯加胸大肌浸潤麻醉。

用百分之二利多卡因五毫升加腎上腺素五滴，再加生理鹽水至五十毫升，配成百分之〇・二利多卡因五十毫升的麻藥。一側麻藥用量一般為四十～五十毫升。

乳房的神經分佈十分豐富，乳腺深部的感覺由三、四、五、六肋間神經的分支支配。採用胸大肌下間隙植入假體的方法，由於位置比較深，操作比較困難，若麻醉效果不理想，術中受術者痛苦大，潛行分離的範圍有可能達不到術前設計的範圍，術後效果差。將三、四、五、六肋間神經阻滯及胸大肌浸潤後麻醉，手術分離區域無痛感，可使胸大肌下間隙剝離達滿意範圍。使用含腎上腺素的局麻藥行肋間神經阻滯及胸大肌浸潤麻醉，還可達到術中血管收縮減少出血的效果。肋間神經阻滯麻醉時應注意防止刺破胸膜。

為了避免麻藥用量過大造成毒性反應，在保證有效的麻醉效果前提下，使用低濃度麻藥較為理想，本文利多卡因濃度為百分之〇・二。

七、各種隆乳方法的術後併發症原因分析及補救措施

無論採用哪種隆乳術都有可能發生術後併發症，雖然併發症的發生率很低，但必須讓受術者瞭解接受隆乳術是有風險的。

1.人工假體植入隆乳術的併發症

(1)矽膠囊+矽凝膠假體完整假體隆乳術併發症

①假體纖維囊攣縮、硬化

外觀假體輪廓明顯，乳房形態變圓呈球形，有時呈上移或下移狀態，形態怪異，手感較硬。

原因分析：手術後出血淤積，繼發血腫纖維化；分離腔隙過小或置入假體過大；炎症刺激及表面葡萄球菌亞臨床感染；矽膠滲出或破裂；胸部被蓋組織單薄，張力過大；不明原因。

處理：術後半月至半年內出現者，採取乳房按摩的方式。程度較重的硬化，

在術後半年或更長的時間採取手術的方式鬆解包膜囊，重新置入假體。手術方法為：將囊底四周纖維囊環形切開，頂部沿四周放射狀切開，將較大的纖維囊包膜去除，適當分離腔隙，更換較小的假體，負壓引流，加壓包紮。

②**形態不美**

乳房內外上限飽滿，下部乾癟，乳頭下傾，乳房整體無鬆軟自然墜感，或無圓潤、連貫的下皺襞。從主觀的角度看部分術者和受術者尚能接受，但部分受術者強烈提出矯正的願望。

原因分析：術者自身的美學修養不夠；貪大的心理；分離腔隙上大下小；選擇假體過大，求美者自身條件不佳；乳房纖維包膜囊攣縮變形。

處理：更換原有較大的假體；在乳房下皺襞

矯正前

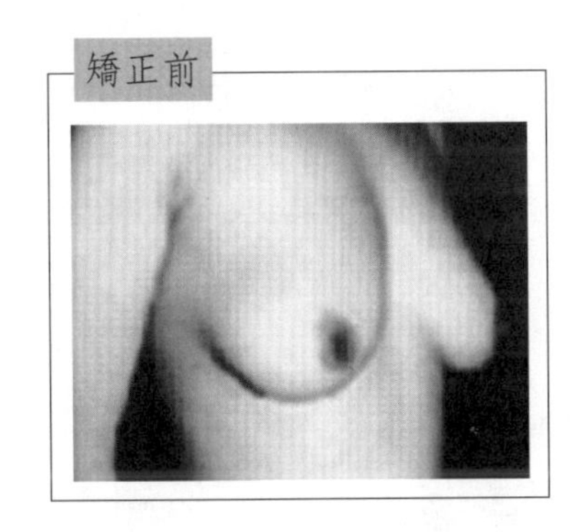

矯正後

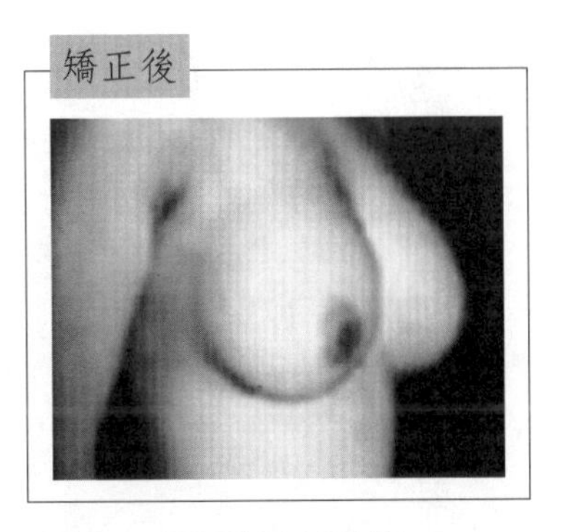

矯正前，乳房上部突出，下部低垂，整體呈長梭形

處分離到位；放置負壓引流，防止纖維囊攣縮硬化。

③假體滲漏及破裂

表現為乳房體積變小；假體破裂對組織有刺激性反應，如紅腫；後期（六個月以上）滲漏或破裂，有纖維囊攣縮或急性炎症現象。

原因分析：術前及術中對假體質量檢查不仔細；術中填塞假體時張力過大或器械損傷假體囊膜；分離腔隙過小，假體未得到充分舒展，囊膜皺褶經反覆運動而老化破裂。

處理：取出假體，清理包膜囊內的矽膠污染；依據受術者要求和局部情況重新更換假體或閉合切口；加壓包紮，封閉死腔。

④心理異常

乳房無任何陽性體徵，心理有不適感受；有隆乳術後可能誘發疾病的恐懼感。

原因分析：術前對受術者隆乳的心理動機瞭解不夠；對人格、心理異常者手術；對受術者未進行必要的心理輔導。

處理：心理輔導，對隆乳術給予正確客觀的評價，緩解受術者的恐懼心理；術後心理治療無效後取出假體。

⑤血　腫

突然出現的乳房術區或放置通道劇烈腫脹、疼痛；乳房體積增大、張力高，手感硬；胸部尤其在乳房下皺襞有皮膚瘀斑和青紫。

原因分析：術中局部、術後全身未採取止血措施；術中解剖層次不清，操作粗糙，損傷較大的血管；未放置必要的引流裝置。

處理：緩慢的腫脹採取負壓抽吸，抽出血凝塊，局部應用止血藥並加壓包紮；取出假體後尋找出血的血管並結紮之。

⑥感　染

局部有腫脹、疼痛；偶見有切口發炎、滲液；時有發熱症狀；偶見有靜脈炎症狀。

原因：假體消毒不嚴格；手術器械及手術無菌條件較差；手術者無菌操作觀念差；血腫、線頭、棉紗等存在；美容受術者身體抵抗力低下等。

處理：取出假體對創面進行徹底清洗；放置引流；視局部及全身情況決定是否重新放置假體；應用大劑量抗生素及支援療法控制感染。

⑦假體外露

早期：傷口有炎性反應，切口不癒合；後期：無炎性反應，假體因纖維囊攣縮從皮膚張力薄弱處露出，往往在切口處。

原因分析：縫合時沒有分層嚴密縫合；假體過大致切口張力大，切口缺血延期癒合；假體埋置位置過淺；纖維囊攣縮致假體從皮膚張力薄弱處疝出；手術過程中損傷胸大肌，出現肌肉局部缺損，皮膚直接接觸假體，久之皮膚潰破。

處理：更換小的假體；針對出現的原因分別採取不同的處置方法。

⑧切口瘢痕

切口瘢痕較粗大、明顯，影響美觀。

原因：術者外科縫合技術較差；皮膚切口挫傷較重；切口缺血感染；過大假體置入致切口張力大而損傷切口皮膚；美容對象自身有瘢痕體質傾向。

處理：更換小的假體；在條件許可的情況下，切除瘢痕重新對位縫合。

⑨乳房感覺異常

早期有腫脹感，乳頭及乳暈感覺敏感；偶有乳汁外溢現象；有放射性疼痛或乳房脹痛；乳房體溫低於周圍組織溫度。

原因：假體本身的異物感；假體充填後刺激周圍組織血管擴張，乳房血液回流致性興奮增加；第四肋間神經皮支受牽拉或損傷後敏感性增加；假體埋置層次偏淺。

處理：心理輔導；感覺明顯持久者可考慮取出假體。

⑩乳房畸形

乳房形態怪異，無正常形態曲線，缺乏美學特徵。

原因：分離的腔隙及範圍嚴重失誤；較重的乳房下垂者未作乳房懸吊處理；假體的大小與受術者的身材不協調；假體移位。

處理：較重的乳房下垂應先做懸吊術處理；更換較大的假體；乳房下皺襞應分離到位；選用體積合適的假體；術後乳房上部加壓包紮；放置負壓引流，防止纖維囊攣縮、硬化變形。

⑪氣胸或膿胸

是十分少見的併發症。因手術在分離胸肌時進入胸腔，可造成液氣胸、血氣胸或膿胸等併發症。預防方法是分離胸肌時，宜在直視下進行，並且在肋骨表面分離胸肌，不要在肋間分離胸肌，以免進入胸膜腔。

以上列舉了多種手術併發症總結如下：

血腫是隆乳術中及術後早期較為常見的併發症，輕者易導致感染形成膿腫，或引發後期的包膜攣縮，乳房發硬，局部疼痛；嚴重者，若未得到及時處理可危及生命。這類併發症應當儘量避免。因此，術前應作血常規及出、凝血時間和血小板計數檢查，排除有血液疾患的可能。而且，手術應避開月經期。必要時，術前二日應用維生素k_1十毫克／日。更重要的是手術醫生必須熟悉人體解剖，操作精細，止血確切，剝離的囊腔內放置負壓引流，以便引流囊腔內出血。

隆乳術後形態不佳，或乳房假體位置過高，尤其是假體向外上方移位，或兩側不對稱，或乳房下垂。前兩種情況多數是因為剝離囊腔不當，特別是假體安放在胸大肌下時，胸大肌附著點及下外側胸肌筋膜分離不充分，或者是術後包紮塑型不確實造成。

手術時，需注意充分剝離囊腔，尤其注意胸大肌附著點及下外側胸肌筋膜的剝離。術後，包紮塑型確實，並根據實際情況加以調整。乳房下垂則是由於剝離囊腔過大，超過乳房下皺襞所致，此類併發症多半發生在假體置於乳腺下的病例，也可發生在乳房皮膚鬆弛及假體過大的受術者。筆者就曾診治一女士，為追求西方女性大而性感的乳房，選擇了過大的假體，術後不久即出現乳房下垂，假體突於皮下，最後不得不重新手術，更換假體。

在術後晚期包囊攣縮有一定的發生率，尤其是西方女性，東方女性則相對低得多。其病因目前尚不清楚。減少手術損傷、防止出血和血腫、防止異物進入隆乳囊腔、術後乳房按摩、防止術後乳房損傷等，是防治和減少包囊攣縮的有效手段。一旦出現包囊攣縮，必須進行手術治療。

假體外露發生較少，多與選擇乳房下皺襞切口有關，一旦發生宜取出假體。假體滲漏多數因假體質量不佳或手術操作不當所致，一旦發生必須取出假體，更換假體，或終止隆乳。

術後感染因手術環境消毒條件不符合要求、無菌操作不當造成。

有些較為少見的併發症，如假體肉芽腫、氣胸或膿胸等，不容忽視。因此，在此提醒想要隆乳的女性朋友，應對手術併發症有所瞭解，儘可能減少併發症的發生，使隆乳能真正達到錦上添花的效果。

(2) 充注式矽膠囊假體隆乳術併發症

充注式矽膠囊假體是人工乳房假體中特殊類型，在臨床上並未普及，這類手術併發症不但與上述假體隆乳術有共同之處，因其在假體內容物和手術流程上有其自身的特點，所以，併發症方面也有著不同之處。

①纖維包膜攣縮或伴有囊內細菌生長

併發症出現在術後二～五個月。主要表現為乳房變硬，偶有輕度疼痛，無局部炎症表現。發生纖維包膜攣縮的原因可能是：矽膠囊所致異物反應；術中分離腔隙不足；包膜腔內感染；手術損傷重；纖維包膜攣縮有單側也有雙側，可能是由於術者操作的差異。至於細菌或真菌感染，可能由於術中污染所致。

②纖維包膜腔內積液

分析積液原因可能為：感染所致炎性滲出；不顯性外力造成的軟組織挫傷液化；不除外纖維包膜滑液囊腫形成。

③囊內液慢性洩漏

表現為術後患側乳房逐漸減小，直至接近術前水平。探查取出假體完整，囊內尚殘存有少量清澈透明的液體。此併發症應屬產品品質問題，可能是：注水閥門不能充分關閉，雖經術前檢查正常，但仍存隱患；囊壁屬半透膜，囊內液慢性滲出。

④假體破裂

單側乳房突然縮小到術前水平，超聲顯示矽膠囊壁皺折，囊內外均有液體存在。手術探查，液體細菌培養為黏液沙雷氏菌，在假體靠近底盤處有一約針眼大的小孔，多係產品品質問題。

2. 注射隆乳術的併發症

(1)聚丙烯酰胺水凝膠注射隆乳術

聚丙烯酰胺水凝膠豐乳術的併發症發生率相對較高且難以糾正，這在前文已有敘述，需引起整形外科醫生和廣大患者的重視。

①雙側乳房不對稱

其表現特徵為雙側乳房位置形狀不對稱及大小不對稱，原因一般為雙側乳房術前不對稱或注射位置不對稱及雙側注射量不同。對於形狀不對稱者一般由術後按摩可改善，對於大小不對稱者於術後二～三月後補充注射一定量的水凝膠。

②切口材料漏

其表現特徵為輕微疼痛，注射點紅腫不明顯，漏出材料外觀清潔，無混濁，注射針道上可觸及條索狀硬結。原因一般為注射口及通道內注射材料殘留，注射口癒合不良或注射材料過多，乳房張力較高及注射材料過度稀釋。治療時將注射口及注射通道裏的材料擠出或抽出，生理鹽水沖洗乾淨，注射口縫合，彈力繃帶加壓包紮二～三週。

③乳房硬結

表現為乳房可觸及一個或多個硬結，按壓時疼痛，B超示乳腺及胸大肌內有一個或多個低密度回聲區，原因一般為注射時多點注射，注射材料不在同一層次內，注射到乳腺及胸大肌內的材料形成局部包裹，處理方法為在B超引導下將硬結內的材料抽出。有的表現為乳房整體手感發硬，B超示乳腺後呈一完整的低密度回聲區，原因一般為注射後按摩方法不當，注射材料周圍形成包膜所致，將十～二十毫升百分之〇・二五利多卡因注入注射區內，稍用力按摩，使包膜破裂，乳房即可柔軟。

④血　腫

其表現特徵為注射後持續性疼痛，乳房張力高，體積增大，但局部無紅腫發熱，有時有淤癍，血象正常，原因一般為注射時注射針尖碰到小血管或用力擠壓，出血量少時可保守治療；出血量多時，一般需將注射材料和血腫抽出，加壓包紮。

⑤感 染

其表現特徵為乳房腫大、疼痛，乳房局部溫度升高、發紅，注射口漏出的材料多呈黃色或草綠色，細菌培養多為桿菌，可能原因為無菌操作不嚴格，細菌和黴菌手術時帶入乳腺內，或注射物注射入小葉內，局部組織張力增高，乳腺內非致病菌在某種條件下大量繁殖，引起乳房感染。

處理方法為：在低位切開引流，抽出材料，沖洗，靜脈用抗生素抗感染。

⑥胸大肌炎

表現為患側上肢外展明顯受限和牽拉痛，患者多伴有散在或局限性硬結。術後持續性疼痛，並放射至雙上肢，雙上肢撲翼樣震顫，需排除血腫及感染，抽出注射材料後疼痛仍不緩解，分析原因可能為注射材料中單體成分對神經的毒性反應。經給予彌可保等神經營養藥物治療後疼痛緩解。

(2)自體脂肪顆粒注射隆乳術併發症

脂肪顆粒可採用胸大肌下、乳房內或皮下注射法。感染是自體脂肪顆粒注射隆乳術最常見的併發症。胸大肌下的感染灶亦在乳腺下形成膿腫，因此，推想乳腺組織抗感染能力較胸大肌弱。皮下注射後易形成皮下脂肪囊腫，導致皮膚破潰，多點注射則多處破潰，癒合後形成多發皮下結節。乳腺組織內注射，可以誘發乳腺炎，如不及早治療，有發展成乳腺膿腫的後果。一旦膿腫形成，應及時切開引流，反覆沖洗，待液化脂肪流盡後方可治癒。

對多發散性小膿腫治療比較困難，膿腫可在不同時期形成，因此病情反覆發作，治療時日延長，並將在乳房內後遺持久不消的結節。若能及早治療，應用大量廣譜抗生素，輔以局部物理治療，可望控制乳腺膿腫的形成。

併發乳房膿腫後將導致乳房萎縮，並後遺多處切開引流瘢痕，併發乳腺炎及竇道形成，長期不癒，最終乳房體積縮小，達不到隆乳效果。

總的來說，注射隆乳術的併發症都因植入材料不能完全取出而難以治癒。所以在選擇隆乳材料時應慎重。

八、隆乳術的術後護理

(1)保持引流通暢。由於分離假體腔隙的創面較大，故術後應常規放置引流，我們採用最多的為負壓球引流，如果止血滿意也可不放引流。引流管一般放置四十八小時拔管後即可下床活動。

(2)術後患者取半臥位，用彈力繃帶加壓包紮，不宜用過緊過硬的乳罩；術後四十八小時內應檢查傷口及乳房假體的位置，如發現假體移位或兩側不對稱，應用手法調整後再用敷料加壓包紮固定，穩定十～十四天後去除繃帶。

(3)近期併發症的觀察及護理。創面止血不佳或術後引流不暢所致積血積液，造成切口感染。為預防感染，術後應嚴密觀察引流液的量和色澤，並保持通暢，常規全身應用抗生素三～七天。嚴密觀察術後體溫，及時更換傷口敷料，發現異常應及時通知並協助醫生檢查傷口，如發生嚴重感染，必須取出假體。

(4)遠期併發症的觀察及護理。矽凝膠乳房假體是異物，植入後有可能引起組織反應，在其周圍形成纖維囊包裹假體，如發生攣縮可使乳房變硬和變形。應用理療及手法按摩等方法，以期減少疤痕收縮，同時鼓勵患者拆線後早期下床活動，經常對雙側乳房進行按摩，並按醫囑口服減少疤痕增生的中、西藥物。

(5)康復指導。

①術後二週內嚴禁上肢大幅度外展及上舉活動，以免引起胸大肌的收縮，導

致假體移位，或引起出血，影響傷口癒合。

②四～五天後無併發症者可在責任護士指導下開始進行乳房按摩，防止攣縮。方法是：將乳房向內、外、上、下輕推及循環按摩，每天二～三次，每次五～十分鐘。

③二週後可以熱水淋浴，但避免水過熱，局部避免用熱水袋。

④術後一個月可開始逐漸加大上肢活動範圍，如上肢上舉，前伸及擴胸活動。

⑤術後二個月可恢復至術前上肢活動範圍及進行正常工作，但避免劇烈運動。

⑥避免局部暴力傷，特別是銳器傷。

⑦術後一個月、三個月、半年、一年門診隨訪，隨訪內容為假體位置、形態變化及局部有何不適。

接受隆乳手術體現了人們較高層次的心理需求，即美化自身，得到社會的承認和贊許。但由於長期世俗偏見，不少人不理解患者的痛苦與合理要求，對隆乳術持有非議，所以患者的心理負擔較重。醫院在護理上要做好正常的手術護理、心理護理，並根據個體不同的心理素質、身體條件及併發症發生的潛在因素來提出預見性護理措施，堅持做好患者的康復指導工作，確保手術效果。

九、患者普遍關心的問題

1. 矽膠假體會引起乳癌嗎？

行隆乳術的婦女有一種擔心，認為矽膠假體做為異物長期留置於體內會對人體造成不良影響，加上某些非正面的報導說：矽膠假體可引起乳腺癌，使人們的擔心更加明顯，但到底矽膠假體有無致癌性呢？

為了取得足夠的證據，整形外科醫師在此方面做了大量的流行病學研究，有兩組資料值得關注，一是加拿大的Albert對一一六七六例乳房假體植入病人隨訪十三年，另一組是洛杉磯的病人平均得以隨訪十五・五年，得出同樣的結論：隆乳病人比正常對照組有較低的乳腺癌發病率。同樣，在動物實驗中也沒有證實乳房假體會引起乳癌發病率升高。這些小乳婦女不易患乳腺癌的原因可能是矽膠起到了一個生物學保護做用，從而可以對抗乳腺癌。

為此人們也進行了有關動物實驗，在應用明確的致癌物進行刺激癌症發生之前如接受矽膠假體比未接受矽膠假體其乳癌的發病率明顯較低，在乳腺組織下植入矽膠假體在統計學上也發現較對照組發病率較低，差數為百分之五十二・五，從而得出結論：矽膠不僅不會增加乳癌的危險，反而可透過對乳腺組織的局部作用而降低乳癌發生率。在遠離乳腺組織的背部植入假體的動物比在乳腺下植入者，其乳癌發生率高出百分之三十四，這種假體的保護作用可能與假體直接與乳腺組織接觸以及纖維囊形成後的巨細胞反應有關。

在另一份類似的報告中也顯示：進行乳房假體植入的婦女的血液在體外培養中能殺死乳腺癌細胞。但為什麼有隆乳術的婦女出現乳癌呢？少數病例當然是存在的，只是發生了乳癌，不要遷怒於矽膠假體隆胸術。反過來想，沒有行乳房假體的婦女不是同樣有較高的乳腺癌的發病率嗎？因此，不能從個別病例來給矽膠假體對乳腺組織的作用下結論，應用統計學的科學分析可以看出，矽膠假體隆乳是相當安全的。

2. 隆乳術哪一種材料最好？

目前較好的材料有：矽凝膠假體、鹽水假體、雙腔式乳房假體、砒咯聚酮

（PVP）材料。隆乳術最常用的填充材料——矽凝膠，因其本身的某些理化特點，使得隆乳術仍然可能會出現一些不易矯正的併發症。如矽凝膠假體外層的膠囊刺激假體周圍組織形成纖維結締組織包膜、包膜攣縮、乳房硬化，使乳房失去其漂亮的外形和柔軟的彈性。再如，矽膠囊內的矽膠滲漏到體內，又有報導說易出現原因不明的結締組織病。上述這些使許多想做隆乳術的女性望而生畏，使得隆乳術的發展受到了限制。針對這些情況，許多廠家對其產品進行了改進。

首先，一些廠家改變了包膜的光滑度，將光滑的外膜改變為粗糙的外膜，目的在於破壞組織包膜的完整性。但是臨床實踐證明，這種粗糙面的矽凝膠假體並沒有降低包膜攣縮的發生率。

其次，一些廠家用生理鹽水替代其充填的矽凝膠，目的在於最大程度地減小矽凝膠對人體的影響。但是，鹽水滲漏可使乳房體積變小，兩側滲漏率不等，使兩側乳房不等。

針對上述兩種乳房假體的優、缺點，現在又生產出一種雙腔式乳房假體。這種假體囊是由兩層矽膠膜組成，內層充填矽凝膠，外層充填生理鹽水。比較受歡迎。砒咯聚酮材料為一水凝膠假體，能較大程度地減小包膜攣縮，一旦這種假體破裂，其內充填的材料可以安全地經腎臟從體內排出。還有一種聚凝膠假體，因其矽凝膠分子量的改變，使其基本上不滲漏。這兩種新型材料不僅適用於一般隆乳，也適用於其他方法造成乳房變硬，局部疼痛，要求更換假體者。當然，最好的材料是自身的組織。應用顯微外科技術，將自體脂肪組織或肌肉組織植於乳房深面，創造出富有彈性的「活」乳房。這種手術技術要求高，且留有新瘢痕。

3.現在隆胸術費用高嗎？

近年來使用較多的是矽凝膠或水凝膠乳房假體，它的優點是手感好，不易滲漏。它的價格根據廠家不同（有國產和進口之分）有差別，一般在四千元至一萬八千元（人民幣）。進口假體廠家有美國 Mentor、Mcghan，英國 Nagor、法國 ES 等。國產假體有上海康寧、威寧、信盛，廣州萬和、浙江等地的產品。總體來說，進口產品品質好於國產產品。

4.矽膠假體隆乳會引起不良反應嗎？

隆乳術是常見的美容外科手術之一，在美容外科手術中占第三位，我國每年都有數以萬計的人接受矽膠假體植入隆乳術。該手術簡單，損傷小。它是由皮膚上的一個小切口，將一個適當容積的矽膠假體放入乳腺組織或胸大肌下，使胸部隆起，故術後效果很好。

該手術自一九六三年發明以來，世界各國都在使用，僅美國就有近兩百萬婦女採用此種方法達到美容目的。但在一九九二年一月美國食品與藥品管理局正式宣佈矽膠囊乳房假體對人體有害，廠家應停止生產，醫生需暫停使用。因為有人報導發現植入的矽膠囊乳房假體可能使免疫功能失調，引起自身免疫性疾病。這一消息在全世界整形美容界引起強烈反響，許多想接受此手術的人產生了動搖，一些已行此項手術的人，也開始擔心自己會不會成為受害者。

其實，大可不必如此大驚小怪。根據大量的實驗研究以及追蹤調查，目前尚不能證實矽膠囊假體與自身免疫性疾病之間的因果關係，在國內也未見到引起自身免疫性疾病的報導。因此，在我國也未限制生產和使用矽膠囊假體。

據推測，影響免疫功能失調的主要原因可能是矽膠囊內液態矽膠外滲到組織內，對免疫系統敏感的受術者可能造成危害。因此，只要手術操作過程中精心，仔細，術後良好保護乳房，避免強烈的碰撞，是會避免矽膠液的外漏的，不會對人體產生不良影響。

但有一點必須提醒您，整形隆乳美容手術是一項科學性很強的手術，故一定要到正規醫院請有經驗的醫生手術。術後密切觀察，定期作必要的檢查，及時發現問題及時做相應的處置。同時在施行了隆乳術後不要產生不必要的心理負擔。

5. 隆乳術後會影響哺乳嗎？

對於未婚未育的人來說「注射法隆乳」是不可取的。

對於假體置入乳腺後間隙者可能會有些影響，但由於假體外會形成一層包膜，矽凝膠不會滲入乳汁中。所以影響不會太大。對於假體置入胸肌後間隙者則不會對哺乳產生影響。但懷孕和哺乳會影響乳房的大小，改變的程度難以預料，會影響隆乳術的遠期效果。

6. 關於隆乳術的術後外觀

正常乳房有三分之二覆蓋於胸大肌前，三分之一覆蓋於腹直肌及腹外斜肌前，而隆乳術是：將乳房假體置於胸大肌後，故術後雙側乳房相對靠外側，一般不能形成「乳溝」，對於胸廓較寬者表現尤為明顯。

完美的乳房的外上部向腋窩方向突出，形成「腋尾」。而隆乳術後的乳房外觀，往往不能形成「腋尾」，故外觀不夠真實、生動，特別是術前乳房基礎較差者，表現更為突出。

發育良好的乳房還可表現出動態美感，當行走時，乳房會隨著步態的節律，輕微顫動，當體位發生變化時，乳房的外觀形態也會隨之而改變，而隆乳術後的乳房往往不能表現出乳房的動態美感。

7. 隆乳術可以作多少次？

就施術者來講，對任何受術者都應有一次即成功的把握，一次即成功的責任心。可是科學是不斷發展、進步的，特別是醫學科學更須要發展，事實上有關隆胸術的方方面面也是在發展與進步的，發展到一定階段又會出現新的、品質更好的乳腺假體或更好的方法。

就受術者來說，希望一次成功、不發生任何問題，這是可以理解的，就隆胸材料而言，有更好、更完美的材料與方法問世後希望更換一下，而非是有問題後再更換是正常的、可行的。不過，術次太多、太密是不好的，雖然手術不大，但亦不算是小手術，從第一次開始就慎重考慮各方面的問題是十分必要的。

8.隆乳術術後我應當注意些什麼？

手術後一、二天，應該起床活動，術後數日內應該將所有敷料去除，可以使用乳罩。術後大約一週拆除縫線，即可恢復工作，但上臂活動較多的工作可能需要休息二—三週。起初可能有淤斑和腫脹，會很快消失。術後一個月消腫。術後一週內應避免性生活。其後一個月內對乳房要極為小心。

9.手術切口明顯嗎？

可以根據需要選擇腋窩、乳暈邊緣、乳房下皺壁切口，一般多選用腋窩切口，大約三~四公分長，疤痕非

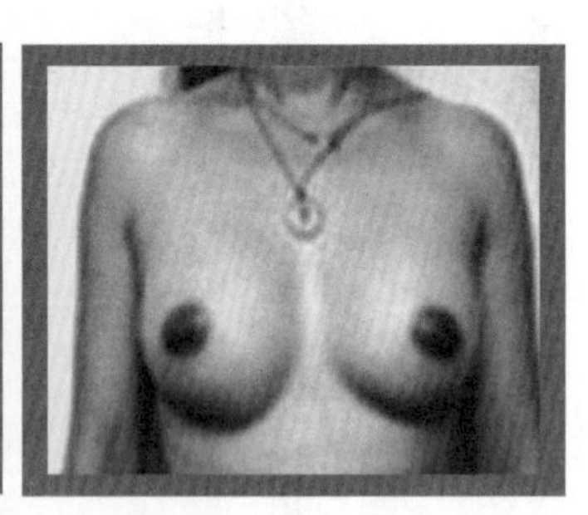

隆乳術的術前術後外觀

常隱蔽。

10. 隆乳手術很痛苦嗎？

隆胸手術可以採用全麻或硬膜外麻醉，根據需要可以選擇像剖腹產那樣的硬膜外麻醉，術中平穩安全，術後用鎮痛泵或給予強效止痛藥，一般沒有很明顯的痛苦。

11. 隆乳術後出現乳房變小或發硬是怎麼回事？

除非遇到外傷和假體本身品質問題，假體一般不會有自行縮小的現象。乳房發硬是由於包膜攣縮作用所致。

乳房發硬的預防措施是：手術醫生嚴格操作，假體置入腔不宜過小；術後三個月以內堅持按摩，早晚各一次，每次約二十～三十分鐘，具體手法按醫生囑咐，可以減小乳房發硬的發生。

ul breast

警惕美容陷阱

美容整形外科是在整形外科、口腔頜面外科、五官科、皮膚科、婦產科、骨外科、泌外科、中醫科、理療科等的基礎上，並引進美容、心理學的相關內容上而發展起來的綜合性專科，從二十世紀八〇年代早期出現至今，發展迅猛，隨著衛生部於二〇〇二年一月二十二日以「中華人民共和國衛生部令（第十九號）」發佈《醫療美容服務管理辦法》以及配套文件《美容醫療機構、醫療美容科（室）基本標準（試行）》、《醫療美容項目》和臨床技術操作規範・美容醫學》等法規、政策相繼出臺，標誌著我國美容整形學科已經進入了蓬勃發展階段。

美容整形學科發展的價值取向是美化人體、美化生活、造福人類，故其學科發展也愈來愈能滿足人們的求美心態。但在學科迅猛發展過程中，由於從業醫生綜合素質參差不齊、醫療機構違規操作，美容就醫者對美容整形手術認知水準不同，從而常常引起醫患關係緊張，醫療糾紛時有發生。

更有甚者，全國各地媒體常有毀容、毀體的消息，甚至有因美容而死亡的報導……面對良莠不齊的美容市場，無處不在的誤區和陷阱，美容就醫者何去何從，是一個值得深思的問題。

一、揭開某些美容整形醫院或專科的黑幕

一些小醫院，主要是區、街級衛生院或是當地駐軍部隊、武警部隊的美容整形專科門診部，被一些本省市的商人承包，每年向承包醫院交幾萬或幾十萬元的承包費，利用醫院的牌子、執照作幌子，進行各種美容整形項目。有的商人承包整個小醫院，無美容專科的醫院搖身一變成為美容專科醫院；有的商人承包大醫院內的門面或美容專科。

值得一提的是：這對雙方是一種雙贏的方案，醫院只需提供一定的場所就可定期收到可觀的回報；經營者借用醫院的牌子、信譽、資源、場所甚至收據發票賺取豐厚的利潤，並且又不知不覺，外人只知道這是醫院的一個科，而實際上他們與醫院之間只有一種合同和利潤關係。

再者，受市場經濟的衝擊，醫院第三產業開發的需要，不少醫院的門面對外出租。有的用於美容整形專科門診部，而我國不少省、市的醫院，包括某些大醫院的營業執照服務項目並不包括美容整形項目，也就是沒有明確的醫療美容業務

範圍。這樣開展起來的專科和醫院，無疑是非法行醫範疇。

據點建立之後，承包人著手開始到處招兵買馬。離退休的專家教授，是他們的主攻對象。

首先，這部分離退休醫生賦閑在家無所事事，正是發揮餘熱的好時候；

其次，這些醫生終生治病救人，有一定的知名度，擁有良好的客戶資源，能夠帶來大量的回頭客；

第三，這部分人本身有一份不菲的退休工資，出來拿外快，主要是為彌補失落感。雇傭費用相對較低。

大醫院裏懷才不遇的骨幹，也是一些商人拉攏的對象。這些人在技術上能獨當一面，但是，由於醫院競爭激烈，或往往由於恃材自傲，在原單位人際關係緊張，沒有被委以重任，或是原學位福利待遇較差，這樣的人極易被承包商拉下水，很快就會成為他們的「搖錢樹」。

更有甚者，有些原來根本就不是從事美容整形外科的醫院人員，比如很多原來從事外科、眼科、口腔科、耳鼻喉科、婦科、燒傷科等，甚至皮膚科的從醫人員，經過短暫進修培訓，即開始從事美容整形外科，而這些醫務人員改行的目的，往往是認為美容整形科利潤豐厚，容易賺錢，就業機會多，殊不知美容整形外科是一門專科性質特別強綜合素質要求特別高的專業，不是簡簡單單的進修、培訓就能從業的，而且還必須有相關省、市衛生行政管理部門發的美容整形主治醫師資格證。這些往往被承包商所忽略，留下潛在危害可想而知。

醫生隊伍建起來以後，承包商首先對新招來的醫生進行「洗腦」。經由上課，傳幫帶等不斷灌輸為「人民幣」服務的思想，想方設法將患者的腰包中的錢掏出來，將醫生原來根深蒂固的人道主義思想洗乾淨，以便多賺昧心錢。其次是高薪利誘，一般按不同職稱的醫生許諾每月底薪三千～五千元不等，外加治療和提成比例較高，年薪高達十萬～三十萬元，並舉出一些案例年收入達五十萬～八十萬元的醫生為他們樹立榜樣，引誘這些醫生不擇手段的賺錢。

大多受訓的醫生還要到本地和周邊地區一家類似性質的醫院進行實地觀摩，主要是讓他們看這些醫院是如何從患者腰包裏掏錢的。

有些骨幹醫生還專門被派到外地會賺錢的連鎖醫院進行取經。而一旦醫生鑽進了錢眼，各種醫療常規、操作規範、醫德醫風都將拋之腦後。「坑患」也就不足為奇了。

1.片面誇大手術效果

到目前為止，雖然醫學美容整形發展很快，但還未達到完美的程度。任何手術都存在著不同程度的利與弊，當然絕大部分手術都是利大於弊。美容整形中，最顯而易見的弊病就是手術切口痕跡。

比如說雙眼皮成形術，埋線法固然沒有切口痕跡，但它的適應症要求高，需要上瞼皮膚彈性好，無明顯鬆弛，上瞼不臃腫，而埋線法的最大缺點就在於遠期效果差，維持時間短；切開法雖效果穩定（維持時間長），但做得再「完美」也會在閉眼時留下一條明顯的切口痕跡。

這就是美中不足，這些洗腦後的醫生往往片面誇大手術效果，只說好的一面，而忽視不好的一面，給美容就醫者以誤導，讓顧客在毫無心理準備之下接受美容整形手術。

還記得前幾年廣告大勢宣傳的高分子材料雙眼皮成形術嗎？還記得流行一時的不開刀、不吃藥、無痛、無創、無毒、無副作用的注射式美容嗎？還記得巴西小切口除皺，法國無創隆胸，韓式美容……，這不過是誘人的餡餅，虛假的宣傳。

2.不管手術適應症和禁忌症

任何手術都有它特有的適應症和禁忌症，也就是說不是任何人都適合於做某種手術的。比例說經常見的隆鼻手術的適應症是：

①單純性輕、中度鞍鼻畸形患者，有隆鼻要求；

②鼻骨、軟骨線中達，無明顯的鼻中隔偏曲。

隆鼻術的禁忌症是：

①年齡過小（小於十六歲）。

②鼻部癤腫，上呼吸道感染等炎症。

③對手術效果期望值過高。

但在有些醫院和醫生眼裏，可能就完全沒有手術適應症和禁忌症的概念。我們就接診過一位不到十六歲的隆鼻術小患者，從十二歲起就開始在當地某私人美容院做了第一次隆鼻手術；但手術效果不好，隆起高度不夠，於十三歲時又在同一家美容院在原假體下加墊了一塊假體。手術後鼻子是隆起來了，但外形又不自然，鼻背有明顯的痕跡。可憐的小女孩，鼻骨本身都沒有發育完全，再加上隆鼻和手術的影響，鼻骨自然發育不起來。後來，只有先取出隆鼻的材料，讓其十六歲以後再視情況做隆鼻手術。

3.手術做得不到位

任何手術都有相應的操作方法及程式步驟，如果操作方法和程式步驟不到位，勢必得影響手術效果，尤其是遠期效果。例如，行臉部除皺手術，一般有皮下除皺術，SMAS筋膜下除皺術、骨膜下除皺術。

根據不同部位、年齡、術式等採用不同的層次除皺。以顳部（魚尾紋）除皺術為例，除需切開、剝離形成顳部前表瞼膜系統進行切除，固定，折疊縫合等處理外，有時對魚尾紋較深和眼輪匝肌鬆重者需同時處理眼輪匝肌；最後再切除、縫合多餘的皮膚和皮下組織，拉緊皮膚。

這樣手術後，局部除皺效果一般可維持五～八年；但常常在不規範的醫院或美容院做了顳部（魚尾紋）除皺術的病人，三～六個月後就變差，低部除皺術後效果不好，或者又復發了，要求再次做顳部除皺術。

這種手術只把局部的皮膚切除了一部分，或者皮下僅做了很短的潛行分離，就單純由拉緊皮膚來除皺，這樣手術方式及程式步驟沒有到位，當然術後很快病人就復發皺紋。

切口小、時間短、步驟少、創傷小、恢復快的手術，病人容易接受，當然賺錢來得快，但對於效果就只能保證近期而不能維持長久。有時求美者不理解，為什麼有的醫院半個小時就做完了這種手術，而有的醫院要做一小時？有的醫院只收費一千元，有的醫院要收二千元？以上所述中就可得到答案。

另一方面，當然可能是手術醫生技術水準的限制，他們不能或者是不會做這種類型的手術，比如SMAS筋膜下除皺、骨膜下除皺等。只好用簡單的、糊弄人的手術方式來賺取不義之財。

4.手術材料弄虛作假

醫學美容手術常常要借用人工組織代用品，如隆鼻手術、隆頦手術、隆胸手術、豐太陽穴等，有些美容外科醫院、美容外科門診，從業醫務人員常常是利用美容就醫者醫學知識的匱乏和對醫用材料知之甚少的特點，而大做文章，這主要表現在手術材料以劣充優，以少充多，優材劣效，故弄玄虛等幾個方面：

●以劣充優

醫用材料有各種不同的檔次、不同的廠家和品牌，就目前現在常用的醫用材料來看，有國產、合資生產和原裝進口材料之分，這些材料的價格相差也非常之大。二〇〇三年我們曾為一位隆鼻術後鼻外形失真、鼻梁傾斜的患者行隆鼻術後修改術，為瞭解其假體可否繼續使用，我們詢問了她在哪家醫院做的手術，使用的是什麼樣的隆鼻材料。

據患者自己說，她是在某私人美容門診部做的手術，用的是最好的進口材料，光材料費都花了二千四百元，肯定是不用另外換假體。可是在我們為她取出鼻假體後，發現並非如她所說的是高檔假體，我們把取出來的鼻假體和普通型號一百元的鼻假體相比較，一模一樣。患者直呼上當，原來她選用的根本不是這種假體。

我們另外給患者提出兩條選擇方案，一是繼續用後來的鼻假體，外形影響不大，只是手感要差一些；二是重新換用鼻假體，但患者又要付假體材料費用。她決定改用一千八百元雙段式比較自然逼真的鼻假體。術後患者很滿意，但對前次的遭遇，她很氣憤。

•以少充多

這種情況多出現在以記量計算手術材料費的時候。其目的只有一個，坑害患者，巧取豪奪，獲取更多的利潤和提成。

例如注射式隆胸、注射式除皺、局部凹陷充填、面頰凹陷注射式充填、注射式豐太陽穴、注射式豐下巴等術式。有的是注射中加水，有的是注射低濃度的藥物，有的是將別的病人用過了的空注射瓶充數給現在接受治療的病人等。這時因病人處在接受手術的緊張狀態，無暇注意到底注射了多少充填劑或藥物。這種矇騙美容就醫者的手段，即欺騙了患者的錢財，也影響了患者的治療和手術效果。往往近期暫時手術效果還可以，而過一段時間就復發了畸形或充填效果不夠理想。這時，當患者再去找治療和手術的醫院和醫生時，他們往往以病人個體差異、吸收過多或者需要補充注射而再次收取患者的費用；而患者既接受了美容手術或治療，為了不讓「前期的錢」打「水漂」，當然希望能夠達到較為理想的手術和治療效果，結果一而再的掏錢，直到口袋裏的錢被掏完為止。

•優材劣效

使用優等的醫用組織材料，未達到優良的手術治療效果，相反手術治療效果不盡如人意。這種情況的發生多半不是醫德原因所致，而是施術者手術技術水準不高所致，當然也有部分原因是施術者責任心不夠強引起的。

在臨床上，我們曾遇到很多這樣的病人，隆鼻術後，外形太假、不自然，要求行隆鼻修改術，術中取出假體一看，真是叫人啼笑皆非：有的鼻假體雕刻得像一根火柴棍，有的像一粒花生米，有的像一個小圓棒，有的像一條爬蟲……。因而進行隆鼻後，要嘛是不連貫形成坎道，要嘛假體與鼻部附著不好，要嘛外形不自然，要嘛高低寬窄不協調，更有甚者，鼻假體可在鼻背腔隙內轉動。嚴重影響鼻部的外形和美觀。

●故弄玄虛誘導美容就醫者

給醫用整形美容材料取一些特殊的名稱，一方面迷惑患者的視線，使他們不知道使用的醫用材料究竟為何物，另一方面為其亂收費製造玄機。早些年的多分子雙眼皮成形術，實際上就是尼龍線埋線法雙眼皮成形術。一扯到高分子，好像就與高科技掛上了鉤，收費高好幾倍也就理所當然了。類似這樣的情況有：尼龍線稱高分子材料；矽膠稱人工軟骨；水凝膠稱人工脂肪；矽羥基磷灰石稱人工骨；腫脹麻醉藥宣稱溶脂藥物等等。

5.虛假廣告「狂轟亂炸」，低價誘導美容就醫

這些承包醫院或科室門診部為了提高知名度，搶佔正規醫療市場，常常不惜一擲千金，借助人們對醫院或科室的信任，對報刊、雜誌、電視和廣播等媒體的信任，大做廣告。

他們叫得最響的是免費聲，免掛號費、諮詢費、檢查費、處置費、治療費等，甚至有的免手術費。照此看來，似乎不用交費就可以接受美容整形手術了，其實不然，這裏的免費主要是為了吸引美容整形者「上鉤」，而一旦接受美容整形手術，材料費、注射費、藥品費、換藥費、拆線費等花樣繁多的收費中是肯定會把所有的免費項目中的費用收回來的，天上怎麼可能掉下「禮物」呢！

例如，現在廣告上經常可以看到的微創腋臭根治術，手術費一百元。實際上，左邊一個一百元，右邊一個又要收一百元，這樣手術費用就已經翻了一番。當然，這還是小頭，即使手術費全免了也只有兩百元。老鼠拖葫蘆大頭在後頭，再加上特製縫合線費、換藥費、拆線費、輸液注射費、藥品費、觀察費等五花八門的費用，沒有二千~三千元是不可能解決問題的，而正規醫院裏一般外科做此

類手術的美容整形科做也只要一千二百～一千五百元。

二、明明白白做整形美容

根據中華人民共和國衛生部令（第十九號）發佈的《醫療美容服務管理辦法》及其配套文件《美容醫療機構、醫療美容科（室）基本標準（試行）》等法規和政策，以及各省、市的相關文件，申辦醫療美容整形機構必須符合以下條件：

(1)符合當地醫療機構設置規劃；

(2)設置單位具有法人資格；

(3)有明確的醫療美容業務範圍；

(4)符合《醫療機構管理條件》和《醫療機構管理條件實施細則》規定的其他條件。

從事美容整形的醫務人員必須符合下列條件之一：

(1)具有相關臨床學科（如整形外科、口腔科、眼科、耳鼻喉科、皮膚科等）

的主治醫師資格或具有連續五年以上相關學科工作經歷，並經美容醫學專業繼續教育或專業進修的執業醫師。

(2)具有執業醫師資格，在二級以上醫院從事五年以上外科臨床工作，並經省級以上衛生行政部門指定的二級以上綜合醫院醫療美容專科或美容科醫療機構進修美容專業一年以上。

(3)已經取得執業醫師資格，經過區、市以上衛生行政部門統一考試、考核，對某專項醫學美容確有特長的專業技術人員。

求美的女性在決定整形美容前一定要對醫院及醫師的資格資歷瞭解清楚，對材料、價格及相關服務也要諮詢明白，對廣告要審慎地看，不要盲目投醫，一有不慎就會招致千古恨。

一般來說，大型醫院是比較靠得住的，雖然報價可能比非正規醫院高，但醫生醫德、技術都是值得信賴的，相信會有很好的美容效果。還有一點，就是不會出現像在非正規醫院那樣，術後因手術效果不好或出現併發症，求美者不斷往醫院跑，又不斷給醫院掏錢，直至錢掏盡了還留下無限遺憾的結局。

願天下的女性都擁有迷人的身材、美麗的容顏！

·象棋輕鬆學·品冠編號 69

1.	象棋開局精要	方長勤審校	280 元
2.	象棋中局薈萃	言穆江著	280 元

·生活廣場·品冠編號 61

1.	366 天誕生星	李芳黛譯	280 元
2.	366 天誕生花與誕生石	李芳黛譯	280 元
3.	科學命相	淺野八郎著	220 元
4.	已知的他界科學	陳蒼杰譯	220 元
5.	開拓未來的他界科學	陳蒼杰譯	220 元
6.	世紀末變態心理犯罪檔案	沈永嘉譯	240 元
7.	366 天開運年鑑	林廷宇編著	230 元
8.	色彩學與你	野村順一著	230 元
9.	科學手相	淺野八郎著	230 元
10.	你也能成為戀愛高手	柯富陽編著	220 元
11.	血型與十二星座	許淑瑛編著	230 元
12.	動物測驗—人性現形	淺野八郎著	200 元
13.	愛情、幸福完全自測	淺野八郎著	200 元
14.	輕鬆攻佔女性	趙奕世編著	230 元
15.	解讀命運密碼	郭宗德著	200 元
16.	由客家了解亞洲	高木桂藏著	220 元

·女醫師系列·品冠編號 62

1.	子宮內膜症	國府田清子著	200 元
2.	子宮肌瘤	黑島淳子著	200 元
3.	上班女性的壓力症候群	池下育子著	200 元
4.	漏尿、尿失禁	中田真木著	200 元
5.	高齡生產	大鷹美子著	200 元
6.	子宮癌	上坊敏子著	200 元
7.	避孕	早乙女智子著	200 元
8.	不孕症	中村春根著	200 元
9.	生理痛與生理不順	堀口雅子著	200 元
10.	更年期	野末悅子著	200 元

・傳統民俗療法・品冠編號 63

1.	神奇刀療法	潘文雄著	200 元
2.	神奇拍打療法	安在峰著	200 元
3.	神奇拔罐療法	安在峰著	200 元
4.	神奇艾灸療法	安在峰著	200 元
5.	神奇貼敷療法	安在峰著	200 元
6.	神奇薰洗療法	安在峰著	200 元
7.	神奇耳穴療法	安在峰著	200 元
8.	神奇指針療法	安在峰著	200 元
9.	神奇藥酒療法	安在峰著	200 元
10.	神奇藥茶療法	安在峰著	200 元
11.	神奇推拿療法	張貴荷著	200 元
12.	神奇止痛療法	漆 浩 著	200 元
13.	神奇天然藥食物療法	李琳編著	200 元
14.	神奇新穴療法	吳德華編著	200 元
15.	神奇小針刀療法	韋丹主編	200 元

・常見病藥膳調養叢書・品冠編號 631

1.	脂肪肝四季飲食	蕭守貴著	200 元
2.	高血壓四季飲食	秦玖剛著	200 元
3.	慢性腎炎四季飲食	魏從強著	200 元
4.	高脂血症四季飲食	薛輝著	200 元
5.	慢性胃炎四季飲食	馬秉祥著	200 元
6.	糖尿病四季飲食	王耀獻著	200 元
7.	癌症四季飲食	李忠著	200 元
8.	痛風四季飲食	魯焰主編	200 元
9.	肝炎四季飲食	王虹等著	200 元
10.	肥胖症四季飲食	李偉等著	200 元
11.	膽囊炎、膽石症四季飲食	謝春娥著	200 元

・彩色圖解保健・品冠編號 64

1.	瘦身	主婦之友社	300 元
2.	腰痛	主婦之友社	300 元

3.	肩膀痠痛	主婦之友社	300 元
4.	腰、膝、腳的疼痛	主婦之友社	300 元
5.	壓力、精神疲勞	主婦之友社	300 元
6.	眼睛疲勞、視力減退	主婦之友社	300 元

・休閒保健叢書・品冠編號 641

1.	瘦身保健按摩術	聞慶漢主編	200 元
2.	顏面美容保健按摩術	聞慶漢主編	200 元
3.	足部保健按摩術	聞慶漢主編	200 元
4.	養生保健按摩術	聞慶漢主編	280 元

・心 想 事 成・品冠編號 65

1.	魔法愛情點心	結城莫拉著	120 元
2.	可愛手工飾品	結城莫拉著	120 元
3.	可愛打扮 & 髮型	結城莫拉著	120 元
4.	撲克牌算命	結城莫拉著	120 元

・少 年 偵 探・品冠編號 66

1.	怪盜二十面相	（精）	江戶川亂步著	特價 189 元
2.	少年偵探團	（精）	江戶川亂步著	特價 189 元
3.	妖怪博士	（精）	江戶川亂步著	特價 189 元
4.	大金塊	（精）	江戶川亂步著	特價 230 元
5.	青銅魔人	（精）	江戶川亂步著	特價 230 元
6.	地底魔術王	（精）	江戶川亂步著	特價 230 元
7.	透明怪人	（精）	江戶川亂步著	特價 230 元
8.	怪人四十面相	（精）	江戶川亂步著	特價 230 元
9.	宇宙怪人	（精）	江戶川亂步著	特價 230 元
10.	恐怖的鐵塔王國	（精）	江戶川亂步著	特價 230 元
11.	灰色巨人	（精）	江戶川亂步著	特價 230 元
12.	海底魔術師	（精）	江戶川亂步著	特價 230 元
13.	黃金豹	（精）	江戶川亂步著	特價 230 元
14.	魔法博士	（精）	江戶川亂步著	特價 230 元
15.	馬戲怪人	（精）	江戶川亂步著	特價 230 元
16.	魔人銅鑼	（精）	江戶川亂步著	特價 230 元

17. 魔法人偶	（精）	江戶川亂步著	特價 230 元
18. 奇面城的秘密	（精）	江戶川亂步著	特價 230 元
19. 夜光人	（精）	江戶川亂步著	特價 230 元
20. 塔上的魔術師	（精）	江戶川亂步著	特價 230 元
21. 鐵人Q	（精）	江戶川亂步著	特價 230 元
22. 假面恐怖王	（精）	江戶川亂步著	特價 230 元
23. 電人M	（精）	江戶川亂步著	特價 230 元
24. 二十面相的詛咒	（精）	江戶川亂步著	特價 230 元
25. 飛天二十面相	（精）	江戶川亂步著	特價 230 元
26. 黃金怪獸	（精）	江戶川亂步著	特價 230 元

·武　術　特　輯·大展編號 10

1. 陳式太極拳入門	馮志強編著	180 元
2. 武式太極拳	郝少如編著	200 元
3. 中國跆拳道實戰 100 例	岳維傳著	220 元
4. 教門長拳	蕭京凌編著	150 元
5. 跆拳道	蕭京凌編譯	180 元
6. 正傳合氣道	程曉鈴譯	200 元
7. 實用雙節棍	吳志勇編著	200 元
8. 格鬥空手道	鄭旭旭編著	200 元
9. 實用跆拳道	陳國榮編著	200 元
10. 武術初學指南	李文英、解守德編著	250 元
11. 泰國拳	陳國榮著	180 元
12. 中國式摔跤	黃　斌編著	180 元
13. 太極劍入門	李德印編著	180 元
14. 太極拳運動	運動司編	250 元
15. 太極拳譜	清・王宗岳等著	280 元
16. 散手初學	冷　峰編著	200 元
17. 南拳	朱瑞琪編著	180 元
18. 吳式太極劍	王培生著	200 元
19. 太極拳健身與技擊	王培生著	250 元
20. 秘傳武當八卦掌	狄兆龍著	250 元
21. 太極拳論譚	沈　壽著	250 元
22. 陳式太極拳技擊法	馬　虹著	250 元
23. 二十四式/三十二式太極拳/劍	闞桂香著	180 元
24. 楊式秘傳 129 式太極長拳	張楚全著	280 元

25. 楊式太極拳架詳解　林炳堯著　280 元
26. 華佗五禽劍　劉時榮著　180 元
27. 太極拳基礎講座：基本功與簡化 24 式　李德印著　250 元
28. 武式太極拳精華　薛乃印著　200 元
29. 陳式太極拳拳理闡微　馬　虹著　350 元
30. 陳式太極拳體用全書　馬　虹著　400 元
31. 張三豐太極拳　陳占奎著　200 元
32. 中國太極推手　張　山主編　300 元
33. 48 式太極拳入門　門惠豐編著　220 元
34. 太極拳奇人奇功　嚴翰秀編著　250 元
35. 心意門秘籍　李新民編著　220 元
36. 三才門乾坤戊己功　王培生編著　220 元
37. 武式太極劍精華＋VCD　薛乃印編著　350 元
38. 楊式太極拳　傅鐘文演述　200 元
39. 陳式太極拳、劍 36 式　闞桂香編著　250 元
40. 正宗武式太極拳　薛乃印著　220 元
41. 杜元化＜太極拳正宗＞考析　王海洲等著　300 元
42. ＜珍貴版＞陳式太極拳　沈家楨著　280 元
43. 24 式太極拳＋VCD　中國國家體育總局著　350 元
44. 太極推手絕技　安在峰編著　250 元
45. 孫祿堂武學錄　孫祿堂著　300 元
46. ＜珍貴本＞陳式太極拳精選　馮志強著　280 元
47. 武當趙堡太極拳小架　鄭悟清傳授　250 元
48. 太極拳習練知識問答　邱丕相主編　220 元
49. 八法拳 八法槍　武世俊著　220 元
50. 地趟拳＋VCD　張憲政著　350 元
51. 四十八式太極拳＋DVD　楊　靜演示　400 元
52. 三十二式太極劍＋VCD　楊　靜演示　300 元
53. 隨曲就伸 中國太極拳名家對話錄　余功保著　300 元
54. 陳式太極拳五功八法十三勢　闞桂香著　200 元
55. 六合螳螂拳　劉敬儒等著　280 元
56. 古本新探華佗五禽戲　劉時榮編著　180 元
57. 陳式太極拳養生功＋VCD　陳正雷著　350 元
58. 中國循經太極拳二十四式教程　李兆生著　300 元
59. ＜珍貴本＞太極拳研究　唐豪・顧留馨著　250 元
60. 武當三豐太極拳　劉嗣傳著　300 元
61. 楊式太極拳體用圖解　崔仲三編著　400 元

62.	太極十三刀	張耀忠編著	230 元
63.	和式太極拳譜＋VCD	和有祿編著	450 元
64.	太極內功養生術	關永年著	300 元
65.	養生太極推手	黃康輝編著	280 元
66.	太極推手祕傳	安在峰編著	300 元
67.	楊少侯太極拳用架真詮	李璉編著	280 元
68.	細說陰陽相濟的太極拳	林冠澄著	350 元
69.	太極內功解祕	祝大彤編著	280 元
70.	簡易太極拳健身功	王建華著	180 元
71.	楊氏太極拳真傳	趙斌等著	380 元
72.	李子鳴傳梁式直趟八卦六十四散手掌	張全亮編著	200 元
73.	炮捶 陳式太極拳第二路	顧留馨著	330 元
74.	太極推手技擊傳真	王鳳鳴編著	300 元
75.	傳統五十八式太極劍	張楚全編著	200 元
76.	新編太極拳對練	曾乃梁編著	280 元
77.	意拳拳學	王薌齋創始	280 元
78.	心意拳練功竅要	馬琳璋著	300 元
79.	形意拳搏擊的理與法	買正虎編著	300 元
80.	拳道功法學	李玉柱編著	300 元
81.	精編陳式太極拳拳劍刀	武世俊編著	300 元
82.	現代散打	梁亞東編著	200 元
83.	形意拳械精解（上）	邸國勇編著	480 元
84.	形意拳械精解（下）	邸國勇編著	480 元
85.	楊式太極拳詮釋【理論篇】	王志遠編著	200 元
86.	楊式太極拳詮釋【練習篇】	王志遠編著	280 元
87.	中國當代太極拳精論集	余功保主編	500 元
88.	八極拳運動全書	安在峰編著	480 元
89.	陳氏太極長拳 108 式＋VCD	王振華著	350 元

・彩色圖解太極武術・大展編號 102

1.	太極功夫扇	李德印編著	220 元
2.	武當太極劍	李德印編著	220 元
3.	楊式太極劍	李德印編著	220 元
4.	楊式太極刀	王志遠著	220 元
5.	二十四式太極拳(楊式)＋VCD	李德印編著	350 元
6.	三十二式太極劍(楊式)＋VCD	李德印編著	350 元

7. 四十二式太極劍＋VCD	李德印編著	350 元
8. 四十二式太極拳＋VCD	李德印編著	350 元
9. 16 式太極拳 18 式太極劍＋VCD	崔仲三著	350 元
10. 楊氏 28 式太極拳＋VCD	趙幼斌著	350 元
11. 楊式太極拳 40 式＋VCD	宗維潔編著	350 元
12. 陳式太極拳 56 式＋VCD	黃康輝等著	350 元
13. 吳式太極拳 45 式＋VCD	宗維潔編著	350 元
14. 精簡陳式太極拳 8 式、16 式	黃康輝編著	220 元
15. 精簡吳式太極拳<36 式拳架・推手>	柳恩久主編	220 元
16. 夕陽美功夫扇	李德印著	220 元
17. 綜合 48 式太極拳＋VCD	竺玉明編著	350 元
18. 32 式太極拳（四段）	宗維潔演示	220 元
19. 楊氏 37 式太極拳＋VCD	趙幼斌著	350 元
20. 楊氏 51 式太極劍＋VCD	趙幼斌著	350 元

・國際武術競賽套路・大展編號 103

1. 長拳	李巧玲執筆	220 元
2. 劍術	程慧琨執筆	220 元
3. 刀術	劉同為執筆	220 元
4. 槍術	張躍寧執筆	220 元
5. 棍術	殷玉柱執筆	220 元

・簡化太極拳・大展編號 104

1. 陳式太極拳十三式	陳正雷編著	200 元
2. 楊式太極拳十三式	楊振鐸編著	200 元
3. 吳式太極拳十三式	李秉慈編著	200 元
4. 武式太極拳十三式	喬松茂編著	200 元
5. 孫式太極拳十三式	孫劍雲編著	200 元
6. 趙堡太極拳十三式	王海洲編著	200 元

・導引養生功・大展編號 105

1. 疏筋壯骨功＋VCD	張廣德著	350 元
2. 導引保建功＋VCD	張廣德著	350 元

3. 頤身九段錦＋VCD 張廣德著 350 元
4. 九九還童功＋VCD 張廣德著 350 元
5. 舒心平血功＋VCD 張廣德著 350 元
6. 益氣養肺功＋VCD 張廣德著 350 元
7. 養生太極扇＋VCD 張廣德著 350 元
8. 養生太極棒＋VCD 張廣德著 350 元
9. 導引養生形體詩韻＋VCD 張廣德著 350 元
10. 四十九式經絡動功＋VCD 張廣德著 350 元

・中國當代太極拳名家名著・大展編號 106

1. 李德印太極拳規範教程 李德印著 550 元
2. 王培生吳式太極拳詮真 王培生著 500 元
3. 喬松茂武式太極拳詮真 喬松茂著 450 元
4. 孫劍雲孫式太極拳詮真 孫劍雲著 350 元
5. 王海洲趙堡太極拳詮真 王海洲著 500 元
6. 鄭琛太極拳道詮真 鄭琛著 450 元
7. 沈壽太極拳文集 沈壽著 630 元

・古代健身功法・大展編號 107

1. 練功十八法 蕭凌編著 200 元
2. 十段錦運動 劉時榮編著 180 元
3. 二十八式長壽健身操 劉時榮著 180 元
4. 三十二式太極雙扇 劉時榮著 160 元
5. 龍形九勢健身法 武世俊著 180 元

・太極跤・大展編號 108

1. 太極防身術 郭慎著 300 元
2. 擒拿術 郭慎著 280 元
3. 中國式摔角 郭慎著 350 元

・原地太極拳系列・大展編號 11

1. 原地綜合太極拳 24 式 胡啟賢創編 220 元
2. 原地活步太極拳 42 式 胡啟賢創編 200 元

3. 原地簡化太極拳 24 式 胡啟賢創編 200 元
4. 原地太極拳 12 式 胡啟賢創編 200 元
5. 原地青少年太極拳 22 式 胡啟賢創編 220 元
6. 原地兒童太極拳 10 捶 16 式 胡啟賢創編 180 元

・名師出高徒・大展編號 111

1. 武術基本功與基本動作 劉玉萍編著 200 元
2. 長拳入門與精進 吳彬等著 220 元
3. 劍術刀術入門與精進 楊柏龍等著 220 元
4. 棍術、槍術入門與精進 邱丕相編著 220 元
5. 南拳入門與精進 朱瑞琪編著 220 元
6. 散手入門與精進 張山等著 220 元
7. 太極拳入門與精進 李德印編著 280 元
8. 太極推手入門與精進 田金龍編著 220 元

・實用武術技擊・大展編號 112

1. 實用自衛拳法 溫佐惠著 250 元
2. 搏擊術精選 陳清山等著 220 元
3. 秘傳防身絕技 程崑彬著 230 元
4. 振藩截拳道入門 陳琦平著 220 元
5. 實用擒拿法 韓建中著 220 元
6. 擒拿反擒拿 88 法 韓建中著 250 元
7. 武當秘門技擊術入門篇 高翔著 250 元
8. 武當秘門技擊術絕技篇 高翔著 250 元
9. 太極拳實用技擊法 武世俊著 220 元
10. 奪凶器基本技法 韓建中著 220 元
11. 峨眉拳實用技擊法 吳信良著 300 元
12. 武當拳法實用制敵術 賀春林主編 300 元
13. 詠春拳速成搏擊術訓練 魏峰編著 280 元
14. 詠春拳高級格鬥訓練 魏峰編著 280 元
15. 心意六合拳發力與技擊 王安寶編著 220 元

・中國武術規定套路・大展編號 113

1. 螳螂拳 中國武術系列 300 元

2. 劈掛拳	規定套路編寫組	300 元
3. 八極拳	國家體育總局	250 元
4. 木蘭拳	國家體育總局	230 元

・中華傳統武術・大展編號 114

1. 中華古今兵械圖考	裴錫榮主編	280 元
2. 武當劍	陳湘陵編著	200 元
3. 梁派八卦掌（老八掌）	李子鳴遺著	220 元
4. 少林 72 藝與武當 36 功	裴錫榮主編	230 元
5. 三十六把擒拿	佐藤金兵衛主編	200 元
6. 武當太極拳與盤手 20 法	裴錫榮主編	220 元
7. 錦八手拳學	楊永著	280 元
8. 自然門功夫精義	陳懷信編著	500 元
9. 八極拳珍傳	王世泉著	330 元
10. 通臂二十四勢	郭瑞祥主編	280 元
11. 六路真跡武當劍藝	王恩盛著	230 元

・少林功夫・大展編號 115

1. 少林打擂秘訣	德虔、素法編著	300 元
2. 少林三大名拳 炮拳、大洪拳、六合拳	門惠豐等著	200 元
3. 少林三絕 氣功、點穴、擒拿	德虔編著	300 元
4. 少林怪兵器秘傳	素法等著	250 元
5. 少林護身暗器秘傳	素法等著	220 元
6. 少林金剛硬氣功	楊維編著	250 元
7. 少林棍法大全	德虔、素法編著	250 元
8. 少林看家拳	德虔、素法編著	250 元
9. 少林正宗七十二藝	德虔、素法編著	280 元
10. 少林瘋魔棍闡宗	馬德著	250 元
11. 少林正宗太祖拳法	高翔著	280 元
12. 少林拳技擊入門	劉世君編著	220 元
13. 少林十路鎮山拳	吳景川主編	300 元
14. 少林氣功祕集	釋德虔編著	220 元
15. 少林十大武藝	吳景川主編	450 元
16. 少林飛龍拳	劉世君著	200 元
17. 少林武術理論	徐勤燕等著	200 元

18. 少林武術基本功　徐勤燕編著　200元

・迷蹤拳系列・大展編號 116

1. 迷蹤拳（一）+VCD　李玉川編著　350元
2. 迷蹤拳（二）+VCD　李玉川編著　350元
3. 迷蹤拳（三）　李玉川編著　250元
4. 迷蹤拳（四）+VCD　李玉川編著　580元
5. 迷蹤拳（五）　李玉川編著　250元
6. 迷蹤拳（六）　李玉川編著　300元
7. 迷蹤拳（七）　李玉川編著　300元
8. 迷蹤拳（八）　李玉川編著　300元

・截拳道入門・大展編號 117

1. 截拳道手擊技法　舒建臣編著　230元
2. 截拳道腳踢技法　舒建臣編著　230元
3. 截拳道擒跌技法　舒建臣編著　230元
4. 截拳道攻防技法　舒建臣編著　230元
5. 截拳道連環技法　舒建臣編著　230元
6. 截拳道功夫匯宗　舒建臣編著　230元

・少林傳統功夫漢英對照系列・大展編號 118

1. 七星螳螂拳－白猿獻書　耿軍著　180元
2. 七星螳螂拳－白猿孝母　耿軍著　180元

・道學文化・大展編號 12

1. 道在養生：道教長壽術　郝勤等著　250元
2. 龍虎丹道：道教內丹術　郝勤著　300元
3. 天上人間：道教神仙譜系　黃德海著　250元
4. 步罡踏斗：道教祭禮儀典　張澤洪著　250元
5. 道醫窺秘：道教醫學康復術　王慶餘等著　250元
6. 勸善成仙：道教生命倫理　李剛著　250元
7. 洞天福地：道教宮觀勝境　沙銘壽著　250元
8. 青詞碧簫：道教文學藝術　楊光文等著　250元

國家圖書館出版品預行編目資料

豐胸做自信女人／任　軍　主編
——初版，——臺北市，大展，2007〔民 96〕
面；21 公分，——（快樂健美站；20）
ISBN 978-957-468-505-9（平裝）
1.豐胸　2.乳房
424.7　　95020952

豐胸做自信女人

ISBN—13：978-957-468-505-9
ISBN—10：957-468-505-5

主　　編／任　軍
責任編輯／曾 凡 亮
發 行 人／蔡 森 明
出 版 者／大展出版社有限公司
社　　址／台北市北投區（石牌）致遠一路 2 段 12 巷 1 號
電　　話／（02）28236031・28236033・28233123
傳　　眞／（02）28272069
郵政劃撥／01669551
網　　址／www.dah-jaan.com.tw
E－mail／service@dah-jaan.com.tw
登 記 證／局版臺業字第 2171 號
承 印 者／高星印刷品行
裝　　訂／建鑫印刷裝訂有限公司
排 版 者／弘益電腦排版有限公司
授 權 者／湖北科學技術出版社
初版 1 刷／2007 年（民 96 年）1 月

定　價／200 元